21世纪高等学校计算机规划教材

21st Century University Planned Textbooks of Computer Science

键盘录入技术

（第2版）

Keyboard Input Technology (2nd Edition)

滕春燕 主编

滕春燕 张迎春 邹钰 杨翠芳 尹振鹤 刘晓辉 编著

U0353763

高校系列

人民邮电出版社

北　京

图书在版编目（CIP）数据

键盘录入技术 / 滕春燕主编. -- 2版. -- 北京：
人民邮电出版社，2012.9（2021.7重印）
21世纪高等学校计算机规划教材
ISBN 978-7-115-29083-0

Ⅰ. ①键… Ⅱ. ①滕… Ⅲ. ①文字处理－高等学校－
教材 Ⅳ. ①TP391.1

中国版本图书馆CIP数据核字(2012)第185239号

内 容 提 要

　　本书从应用入手，全面而系统地介绍各种汉字录入技术并提供大量练习，旨在短时间内提高学生的汉字录入技能。全书分为基础篇、提高篇和练习篇，采用案例的形式讲解，主要内容包括键盘与指法、五笔字型汉字输入法、其他输入法等。

　　本书除可供各类学校学生作为学习掌握文字录入知识与技术的教材外，还可作为多种计算机类文字录入员职业技能培训与鉴定考核教材，也可用于岗位培训、就业培训。

21 世纪高等学校计算机规划教材
键盘录入技术（第 2 版）

- ◆ 主　　编　滕春燕

　　编　　著　滕春燕　张迎春　邹　钰　杨翠芳
　　　　　　　尹振鹤　刘晓辉
　　责任编辑　武恩玉

- ◆ 人民邮电出版社出版发行　　北京市丰台区成寿寺路 11 号
　　邮编　100164　　电子邮件　315@ptpress.com.cn
　　网址　http://www.ptpress.com.cn
　　固安县铭成印刷有限公司印刷

- ◆ 开本：787×1092　1/16
　　印张：11.75　　　　　　　2012 年 9 月第 2 版
　　字数：289 千字　　　　　2021 年 7 月河北第 13 次印刷

　　　　　　　　ISBN 978-7-115-29083-0

　　　　　　　　定价：29.00 元

读者服务热线：(010)81055256　印装质量热线：(010)81055316
反盗版热线：(010)81055315

前　言

　　本书按照最新的"模块化"、"项目化"教学模式编写。全书以实用为原则，将理论环境和实践环境有机地结合起来，以"模块"为主线，划分"章节"、"任务"两个层次，循序渐进地展开介绍。本书强调最基本的"眼、耳、口、脑、手"协调的工作思路，采用"视、听、读、想、练"的学习模式，针对教学中容易出现的各种问题，努力做到重点突出、目标明确、图文并茂、通俗易懂。

　　根据社会需要和教学特点，本书从强化培养操作技能、掌握一门实用技术的角度出发，以个性为基础、就业为导向，摒弃了传统教材重理论性和完整性，轻实用性、实践性的编写方法，采用模块化的编写方式，较详细地介绍了当前最新的计算机录入的实用知识与操作技术。本书主要内容包括键盘与指法、五笔字型汉字输入法、其他输入法等，设计了相关练习和常用字编码表。这对于提高学生从业所需的基本素质，掌握用计算机进行文字录入的基本技能起着直接的帮助和指导作用。

　　本书除可供各类学校学生用作学习掌握文字录入知识与技术的教材，还可作为多种计算机类文字录入员职业技能培训与鉴定考核教材，也可用于岗位培训、就业培训。

　　本书在编写过程中得到了有关领导和老师的大力支持，在此表示感谢。

编者

目　　录

模块一　基　础　篇

模块二　提　高　篇

模块三　练　习　篇

模块一

基础篇

第1章 键盘与指法

1.1 键盘的组成

　　键盘是用来向计算机输入信息的一种输入设备，大多数数据都可以通过键盘输入到计算机中，通常所指的文字录入都是通过键盘来完成的。

　　随着电子信息技术的飞速发展，近年来计算机设备的升级换代速度也非常快。尽管这样，有几个元老级的设备却始终变化不大，我们熟悉的键盘就是其中之一。虽然现在扫描仪、手写板等新型输入设备不断涌现，但绝大多数计算机仍然在使用键盘这一元老级的输入设备。

一、认识键盘

➤ 【任务1】了解键盘的按键

　　键盘是计算机重要的输入设备之一，其作用主要是输入数据和控制命令。

　　键盘有很多种，较早的键盘上一共有 84 个按键，称为 84 键键盘，后来增加了一些功能键，升级到 101 个按键，称为 101 键键盘。但随着 Windows 操作系统的普及，人们又在 101 键键盘的基础上增加了 3 个用于 Windows 系统的控制键，使得用户对计算机的操作更加简便，这种键盘也就是我们现在最常用的标准 104 键键盘。

　　以 104 键键盘为例，我们把计算机键盘按基本功能划分成五个区域：主键盘区、功能键区、编辑键区、数字键区（小键盘区）和指示灯区，如图 1-1 所示。

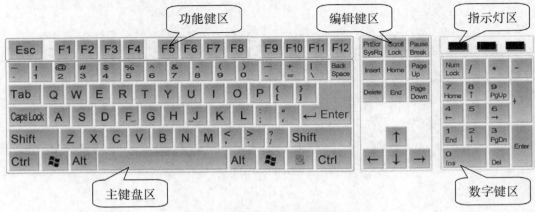

图 1-1   104 键键盘按功能划分区域

二、键盘各分区功能

> **【任务 2】掌握主键盘区的功能**

主键盘区就是我们常说的打字键区，它是键盘上面积最大的一块，主要用于输入文字和符号，该区包括【A】～【Z】共 26 个字母键、数字符号键、标点符号键、控制键等。

1. 字母键（【A】～【Z】）：用于输入英文字母及汉字。要注意的是，键盘上的字母并不是按照 26 个字母的顺序排列的，而是按英文打字机的字母排列顺序排列的。在刚接触计算机时，可能会为这种排列方式烦恼不已，总是找不到键的位置，这只有多练习，才能熟练起来。

2. 数字符号键（【0】～【9】）：主要用于数字的输入，也可用于重码（将在后续章节中介绍）的选择。数字符号键的键位上标有两种符号，呈上下排列，上面的符号称为上档符号，下面的符号称为下档符号，如 @2 键，它的上档符号是 "@"，下档符号是 "2"。

3. 标点符号键：用于输入常用的标点符号，如逗号（,）、句号（。）、叹号（!）、问号（?）、冒号（:）等。

4. 控制键：用于完成某个特定的功能，各个控制键的具体功能介绍如下。

● (Caps Lock) （大小写字母锁定键）：控制字母的大小写输入。通常（开机状态下）系统默认输入小写，按一下此键后，键盘右上方指示灯区中间 "Caps Lock" 指示灯亮，表示此时状态为大写，输入的字母为大写字母；再按一下此键，则 "Caps Lock" 指示灯灭，表示此时状态为小写，输入的字母为小写字母。

● (Shift) （上档键）：主键盘区的左右两边各有一个上档键，其功能相同，用于上档符号的输入以及大小写字母转换。如输入某键的上档符号时，先按住上档键不放开，再击该键；如果不按上档键，直接击该键，则输入该键的下档符号。学会了上档键的用法，我们就可以输入数字符号键和标点符号键上的上档符号了。若先按住上档键，再击字母键，则字母的大小写状态就转换了（即原为大写状态转为小写状态，或原为小写状态转为大写状态）。

● (Ctrl) （控制键）和 (Alt) （转换键）：在主键盘区下方左右各一个，这些键不能单独使用，必须与其他键配合使用方可产生一些特定的功能。如在输入时，可同时按住【Ctrl】+【空格】组合键进行中西（英）文切换；而在计算机需要热启动时，可以使用【Ctrl】+【Alt】+【Del】组合键来完成。

◉ ⬚⬚⬚⬚⬚⬚（空格键）：是整个键盘上最长的一个键。击一下该键，将输入一个空格，同时光标向右移动一个字符的位置，也可以在输入法中作为选字（词）键。

◉ Enter（回车键）：键面上的标记符号为"Enter"或空白，主要用于确定相关的信息或输入的命令，在输入文字时则表示此行输入已完成。由于此键使用较频繁，所以大部分键盘上此键都较大以便于敲击。在中英文文字编辑软件中，此键具有换行功能等。

◉ BackSpace（退格键）：击一次该键，系统会删除光标左边的一个字符，同时后面的所有字符会跟着光标左移一个字符。

◉ ⬚⬚⬚（Windows 徽标键）：位于【Ctrl】键和【Alt】键之间，主键盘区左右各一个，从这个键面上的 Windows 操作系统的徽标就可以看出，这是特别为 Windows 准备的功能键，只需击一下该键，便可弹出桌面上的"开始"菜单。

◉ ⬚⬚⬚（Windows 快捷键）：该键可以打开快捷菜单，与使用鼠标右键的结果是相同的。根据内容的不同，弹出的快捷菜单也会有所不同。

◉ Tab（制表键）：位于主键盘区左边，用于快速移动光标。在制作表格时，击一下此键，光标移到下一个制表位置（俗称跳格），两个跳格位置的间隔默认为 8 个字符的宽度，也可以另作改变。如果同时按下【Shift】+【Tab】组合键则光标左移到前一个跳格位置。

➤ 【任务3】了解功能键区的功能

键盘的功能键区位于键盘的顶端，包含 Esc（退出键）和 F1 ～ F12（功能键），共 13 个键。其中，退出键的功能是退出当前的环境、终止某些程序的运行或返回原菜单等。功能键在不同的软件里被赋予不同的功能，如在文字处理软件 Word 中 F5 的作用是查找和替换，在网页浏览器 Internet Explorer 中 F5 的作用变成了刷新网页。

➤ 【任务4】掌握编辑键区的功能

编辑键区主要是用来控制光标移动的，位于主键盘区和数字键区的中间，共有 13 个键。使用这 13 个键，可以使光标的移动更加灵活自如。

◉ Insert【Insert】（插入键）：用于插入和改写状态的转换。在插入状态下，输入的字符插入到光标处，同时光标右边的字符依次右移一个字符位置，在此状态下按【Insert】键后变为改写状态，这时在光标处输入的字符覆盖原来的字符。系统的默认状态为插入状态。

◉ Delete【Delete】（删除键）：删除光标右边的一个字符，同时光标右面的字符依次左移一个字符位置。

◉ Home【Home】（光标归首键）：快速移动光标至当前编辑行的行首。

◉ End【End】（光标归尾键）：快速移动光标至当前编辑行的行尾。

◉ Page Up【PgUp】（上翻页键）：光标快速上移一页，所在列不变。

◉ Page Down【PgDn】（下翻页键）：光标快速下移一页，所在列不变。

◉ ←【←】（光标左移键）：光标左移一个字符位置，所在行不变。

◉ →【→】（光标右移键）：光标右移一个字符位置，所在行不变。

- ↑ 【↑】（光标上移键）：光标上移一行，所在列不变。
- ↓ 【↓】（光标下移键）：光标下移一行，所在列不变。

上述【←】、【↑】、【↓】和【→】这4个键，被统称为方向键或光标移动键。

- PrtScr SysRq（屏幕打印键）：按下此键可以将当前屏幕界面复制到剪贴板中，若再粘贴到图像处理软件中，即可把当前屏幕界面抓成图片。如用【Alt】+【Print Screen】组合键，与上述操作不同的是截取当前窗口的图像而不是整个屏幕。

- Scroll Lock（屏幕锁定键）：其功能是使屏幕暂停（锁定）/继续显示信息。当锁定有效时，键盘中的"Scroll Lock"指示灯亮（该灯在键盘右上方指示灯区中），否则此指示灯灭。

- Pause Break（暂停键/中断键）：单独使用时是暂停键【Pause】，其功能是暂停系统操作或屏幕显示输出。按下此键，系统当时正在执行的操作暂停。当和【Ctrl】键配合使用时是中断键【Break】，其功能是强制中止当前正在运行的程序。

➤ 【任务5】掌握数字键区的功能

数字键区位于键盘的右下角，又称小键盘区，共有17个键。在数字键区中，各个数字符号键的分布紧凑、合理，适合单手操作。其主要功能是快速输入数字，完成加、减、乘、除等操作。

- Num lock（数字锁定键）：此键用来控制数字键区的数字/光标控制键的状态。这是一个反复键，按下此键，键盘上的"Num Lock"指示灯亮，此时按小键盘上的数字键输入数字；再按一次该键，"Num Lock"指示灯灭，此时数字键可作为光标移动键等使用。

➤ 【任务6】了解指示灯区的功能

指示灯区位于键盘的右上角，包含三个指示灯，从左到右依次是："Num Lock"指示灯、"Caps Lock"指示灯、"Scroll Lock"指示灯，它们用来指示对应键的状态。

1.2 键位与指法

　　在进行键盘录入练习时，要有正确的打字姿势，正确的打字姿势是打字的基本功之一。养成良好的打字姿势很重要，如果开始时不注意，养成不良习惯后就很难纠正了。不正确的打字姿势不但容易引起疲劳，同时也会影响录入的速度和正确率。

一、合理的手指分工

➤ 【任务1】认识基准键位（基准键）

基准键位是指键盘上的【A】、【S】、【D】、【F】、【J】、【K】、【L】、【;】8个键所在的位置。

基准键位的主要作用是方便按键操作，它也是手指常驻的位置，其他键位都是根据基准键的键位来定位的。各个手指的正确放置位置如图1-2所示。

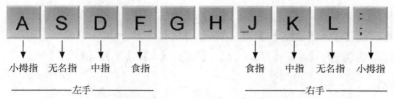

图1-2 键盘上各手指的正确放置位置

> 【任务2】认识定位键

定位键也属于基准键，它分别是左手食指控制的【F】键和右手食指控制的【J】键，这两个键被称为定位键。在键盘上这两个键上各有一条凸起的小横杠，其主要作用是用于"盲打"（参见本章小知识1）时的定位，便于在手指离开键盘后，迅速找回到基准键（将左、右食指分别放在【F】键和【J】键上，其余的手指依次放下）。

> 【任务3】掌握双手击键的范围

在使用键盘录入时，对每个手指的击键范围作出了明确的分工。手指分工就是把键盘上的全部字符键合理地分配给10个手指，并且规定每个手指打哪几个键。左右手所规定要打的键都分布在相互平行的一组斜线上，如图1-3所示。

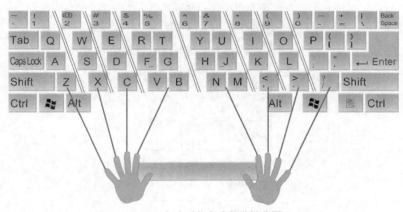

图1-3 每个手指负责的按键范围

1. 左手分工（大拇指除外）

小拇指规定所打的键有：【1】、【Q】、【A】、【Z】、左【Shift】键及左边的一些控制键。
无名指规定所打的键有：【2】、【W】、【S】、【X】。
中指规定所打的键有：【3】、【E】、【D】、【C】。
食指规定所打的键有：【4】、【R】、【F】、【V】、【5】、【T】、【G】、【B】。

2. 右手分工（大拇指除外）

小拇指规定所打的键有：【0】、【P】、【；】、【/】、【Enter】、右【Shift】键及右边的一些控制键。

无名指规定所打的键有：【9】、【O】、【L】、【.】。

中指规定所打的键有：【8】、【I】、【K】、【,】。

食指规定所打的键有：【7】、【U】、【J】、【M】、【6】、【Y】、【H】、【N】。

3. 大拇指分工

两手大拇指专按空格键，当左手打完字符需按空格时，用右手大拇指击空格键；反之，当右手打完字符，则用左手大拇指击空格键。在进行键盘录入练习时应特别注意对空格键操作的训练。

> #### 【任务4】掌握数字键区的指法

数字键区集中排放了 0~9 共 10 个数字键、运算符【+】、【-】、【*】、【/】键及插入、删除、回车键等，该键区便于我们输入大量数据及计算时使用。操作数字键区数字键的正确指法是：用右手操作数字键，食指放在【4】键上，中指放在【5】键上（该键上有一条凸起的小横杠，其主要起到"盲打"时的定位作用），无名指放在【6】键上，小拇指放在回车键上，大拇指放在【0】键上。除大拇指外，每个手指负责其所在的一列键，如图 1-4 所示。

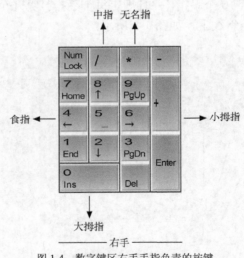

图 1-4　数字键区右手手指负责的按键

二、正确的打字姿势

掌握了基准键位与双手击键范围后，还要注意录入的姿势与正确的击键方法，这对学习录入至关重要。如果姿势不当，在录入过程中容易疲劳，同时会影响录入速度和正确率。

1. 正确的打字姿势

> #### 【任务5】学会正确的打字姿势

从开始学习打字时就要掌握正确的打字姿势，这对日后快速准确地录入字符非常有帮助，正确的打字姿势要做到以下几点。

● 面向计算机，平坐在椅子上，腰背挺直，双腿自然垂放，双脚平放在地上，上身微向前倾。

● 桌椅高度要适当，眼睛距显示器的距离为 30 cm 左右。

● 身体与计算机键盘的距离在两拳左右（15～30cm）。两肩、手臂、肘、腕放松，肘与腰部距离 5～10cm。小臂与手腕略向上倾斜，但是手腕不要拱起，手腕与键盘下边框保持一定的距离（1cm 左右），不要放在键盘上，也没必要悬得太高。

● 录入时，文稿应放在键盘左边，手指略弯曲，自然下垂，使指尖能够直对着键盘上的键，手指轻放在基准键（【A】、【S】、【D】、【F】、【J】、【K】、【L】、【;】）上，左、右手大拇指轻放在空格键上。

● 击键的力量来自手腕，力求实现"盲打"。

2．正确的击键方法

➢ 【任务 6】学会正确的击键方法

应掌握以下几点击键要领：
● 手腕要平直，胳膊应尽可能保持不动。
● 要严格按照手指的键位分工进行击键，不能随意击键。
● 击键时以手指指尖垂直于键位使用冲力，并立即反弹，不可用力太大。
● 左手击键时，右手手指应轻放在基准键位上并保持不动；右手击键时，左手手指应轻放在基准键位上并保持不动。
● 击键后，手指要迅速返回相应的基准键位。
● 不要长时间按住一个键不放。

3．容易出现的错误

➢ 【任务 7】避免在击键时出现错误

容易出现的错误有以下几种：
● 感觉正确姿势太别扭，只用一个手指按键。
● 基准键位易混淆，常常把【A】、【S】、【D】、【F】、【J】、【K】、【L】、【;】8 个基准键的手指位置放错。
● 打字时不是击键，而是按键，手指一直压到底，没有弹性，不能做到击键迅速。这样按键还会造成录入多个相同字符的现象。
● 击键时手指形态变形，手指翘起或往里勾，造成击键不到位。
● 将手腕放在桌子上或键盘边框上打。
● 左手击键时，右手离开基准键，搁在键盘边框上，或者相反。
● 打字时小拇指、无名指缺少力量，控制不住键。

三、精辟的练习要点

1. 掌握动作的准确性，击键力度要适中，节奏要均匀。待练习熟练后，随着手指敏感度的加强，再扩展到与手腕相结合，以指尖垂直向键盘使用冲力，要在瞬间发力，并立即反弹。切不可用手指压键，以免影响击键速度，而且压键会造成一下输入多个相同字符的现象。打空格键时也是一样，要注意瞬间发力，立即反弹。这也是学习打字的关键，必须在平时练习时去体会和掌握。

2. 各手指必须严格遵守正确的指法规范，分工明确。任何不按指法规范的操作都会造成指法混乱，严重影响速度和正确率的提高。

3. 一开始就要严格要求自己，否则一旦养成不好的习惯，以后再想纠正就很困难了。开始训练时可能会有几个手指不好控制，有别扭的感觉，如无名指、小拇指，特别是用右手小拇指打退格键时会感觉别扭。但是只要坚持几天就会慢慢习惯，同时会收到比较好的效果的。

4. 每一手指完成击键任务后，一定要习惯性地回到基准键的位置上，这样，再击其他键时，平均移动的距离比较短，有利于提高击键速度。

5. 手指寻找键位时，必须依靠手指和手腕的灵活运动，不能靠整个手臂的运动来找键位。

6. 击键不要过重，过重不光对键盘使用寿命有影响，而且易疲劳。另外，幅度较大的击键与恢复都需要较长时间，也影响输入速度。当然，击键也不能太轻，太轻了会导致击键不到位，反而会使正确率下降。

7. 在计算机前要坐正，不要弯腰低头，也不要把手腕、手臂依托在键盘上，否则不但影响美观，更会影响速度，同时还容易感到疲劳。另外，座位的高低要适度，以手臂与键盘盘面相平为宜，座位过低手臂易疲劳，过高不好操作。

什么是"盲打"？

"盲打"也叫触觉打字，就是眼睛不看键盘，只靠指法规范记忆摸索键盘打字。这是学习指法的先决条件，也是学习的难点。如果不按指法规范打字，那么打字时就又要看键盘，又要看稿件，势必顾此失彼，失去快速打字的意义。学会"盲打"就可以在眼睛看到稿件上的文字后，手指配合把所看到的文字打出来。不看键盘打字是有困难的，但学习打字的目的就是为了克服这个困难，千万不要只顾一时的方便而看着键盘打字。刚打字时肯定会出现很多错误，练习的目的就是要在不断地克服错误中提高。一般来说，对于一个一切都处于空白，刚准备学习打字的人来说，一开始就严格按照正规姿势进行训练，是可以很快达到目的的。对一些已经有一点打字基础的人来说往往不容易克服自己原来的习惯。人总有惰性，但是只要下定决心，一定可以改变自己原来的习惯，实现高速"盲打"的。录入水平达到一定程度后，往往提高上升得很慢，其中就与前期"盲打"的基础指法没有练好有很大的关系。所以，在入门阶段，一定不要放松对"盲打"这一关键环节的反复训练，认真、反复地纠正自己的不当动作，把正确的姿势和指法记住，并体现在动作上。

"全角"和"半角"是什么意思？

计算机在文字录入时，规定有两种状态，即全角输入方式和半角输入方式。

"全角"就是全角输入方式。在全角输入方式下，输入的字母、数字、标点和空格等字符均占一个汉字的位置，也就是两个字节。"半角"就是半角输入方式。在半角输入方式下，输入的字母、数字、标点和空格等字符只占半个汉字的位置，也就是一个字节。"全角"和"半角"主要是为了使版面更加美观而设计的。

如何成为打字高手？

打字指法是计算机学习的一项最基础的内容，对于后续计算机学科和其他学科的学习起到非常重要的作用，那么有没有一种好的方法来提高自己的指法水平和录入速度呢？

一、手指分工键盘熟

打字过程中，必须充分发扬手指团结协作的精神，严格按照手指的分工方式击键。该哪个手指击的键就用哪个手指去击，千万不能用其他手指"帮倒忙"。

键盘熟是指要尽量记住键盘上各键的位置，争取一开始就做到不看键盘就能打字（"盲打"），只有这样才能快速提高自己的打字速度。键盘的英文字母键只有 26 个（这 26 个字母键是指法学习的重点），你可能花一天时间都不能记住它们的位置，不过没关系，只要加强练习，一定会攻克记键盘的难关的。可以通过先记住 8 个基准键位【A】、【S】、【D】、【F】、【J】、【K】、【L】、【;】和中间的【G】、【H】键来开始，然后再记住各个手指的上、下扩展键的方法来完成。

例如：【A】向上、向下的扩展键分别是【Q】、【Z】，这样在记的同时就可以开始练习"盲打"了，同时也不会感到太枯燥了。

二、姿势正确错误少

打字时要求的坐姿是：脚放平，腰坐直，胸前倾，眼平视。这样做的目的不全是为了好看，主要是让大家在较长时间的操作过程中不会感到疲倦。

手的准备姿势：肩膀和上臂放松，手掌和前臂成一条线，掌心仿佛有一个小皮球，只有指尖接触键盘。在打字过程中手掌和手指要有足够的弯曲度，保持手指伸曲自如。

三、刻苦训练进步大

有了好的方法，必须要花较多的时间刻苦而耐心地训练，只有这样才能取得较大的进步。如果做到了键盘熟悉和姿势正确，每天能有 20 分钟左右的练习时间，即使没有使用过计算机，一个月左右，输入速度也可达到 100 个字符/分钟左右，练习时间再长一点可达 150 个字符/分钟左右。

四、眼疾手快心不读

当速度达到 150 个字符/分钟时，仅是坚持训练，则成绩不会有大的提高。想要再提高速度就要做到以下两点。

1. 英文打字时，眼睛看字母不能一个个地看而要两个、三个甚至多个的看，中文打字时也是如此。

2. 打字时心里不能再像刚开始学习时那样，念一个字符打一个字符，而是看几个字符打几个字符。速度达到 150 个字符/分钟后，手指已经能熟练击键了，如果一边打一边读字符的读音（即使不读出声来），最快的速度也只能是你读的速度，读得再快也只能达到 180 个字符/分钟左右，这就受到了读字符速度的限制，同时也分散了注意力。如果不读字符而是形成条件反射"看字符、打字符"，这时的速度，就取决于你的击键速度，手有多快就能够打多快，因为眼睛看的速度可以远远超过你手指击键的速度。所以要成为打字高手，一定要具备一眼看几个字符的能力和边看边打的能力。

如果能按此方法进行练习，一定可以成为打字的高手。

 ## 本章应注意的问题：

1. 关于上档键【Shift】：在打字键区，一个键位上有两个符号，上面的称为上档符号，下面的称为下档符号。当想输入上档符号时，应先按住上档键不放开，再击其需要输入的上档符号所在的键，这样就输入了该键的上档符号，结束后要先放开上档符号所在的键，再放开上档键；若不按住上档键，直接击该键，则输入的是该键的下档符号。

2. 退格键【Back Space】和删除键【Delete】的区别：它们共同的特点是删除字符；不同之处在于退格键【Back Space】是删除光标左侧的一个字符，光标位置向前移动一个字符的位置。删除键【Delete】是删除光标右侧的一个字符，同时光标后面的字符依次前移一个字符的位置。

3. 关于大小写字母锁定键【Caps Lock】：用于大小写输入状态的转换。此键一般在大量连续地输入大写字母时非常方便。若是少量输入或个别输入大写字母时，可以先按住上档键【Shift】，再按相应的字符键，就不需要再用【Caps Lock】键进行切换了。

4. 如果想要操作自如，那么熟记键盘分布和各个手指分管的键位非常重要。各个手指一定要各负其责，千万不要图方便而"互相帮忙"，刚学习时出现的错误指法以后再纠正就非常困难了。如果感觉两个大拇指负责一个空格键，好像少了点，就自作主张地把【N】键分给右手大拇指，【B】键分给左手大拇指。还有在练习时，【N】键好像离右手的食指近一些，就干脆把【N】键分给右手食指了，虽然这些都是一些小的错误，但在以后的练习中，会影响速度的提高，所以一开始就要注意用正确的指法练习。

5. 在一开始练习时，常常会遇到这种情况，有一段时间速度提高得很快，达到了某个速度以后，如 80 个字符/分钟、120 个字符/分钟或 150 个字符/分钟等，会有一段时间速度不再上升。这时，往往就会失去耐心，不想再坚持了。但是如果坚持下去，突破这个"坎"，就会有一个速度的飞跃。

6. 练习过程中每击一次键后，要借助键对手指的反作用力，立即回到基准键上以便继续录入，这种方法要贯穿于键盘录入的始终。

7. 击键时除了要击键的那个手指屈伸外，其余手指只能随手一起起落，不得随意屈伸，更不得随意散开，以免在回归基准键时引起误差。

模 块 一

基础篇

第 2 章　五笔字型汉字输入法

2.1　五笔字型汉字输入法简介

　　"五笔字型汉字输入法"（简称"五笔字型"）是著名汉字信息处理专家王永民教授在五笔画的基础上进一步完善的一种更高效率的汉字输入方法，与其他音形类或拼音类输入法所不同的是，它完全根据汉字的字型结构进行编码，而与汉字的读音没有任何关系。只要掌握了"五笔字型"，即使遇到一个不会念的汉字，只要知道它怎样写，就可以知道它的编码。正是因为这样，"五笔字型"自问世以来，已被广泛应用于计算机的各种汉字操作系统上，并成为当前计算机中比较重要的汉字输入方法之一。

　　五笔字型编码是一种纯字形的编码方案。它分析了汉字的结构特点，认为所有汉字都是由 200 个左右的基本字型组成，所以就将这些基本字型作为构成汉字的基本单元，把这些基本单元分布在键盘的 25 个字母键上（键盘上的【Z】键作为"万能键"单独使用，其内容将在本章其他部分介绍），同时将汉字的基本单元按一定的规则排列，并与键盘上的字母相对应，所得到的字母组合就是汉字的五笔字型编码。

　　五笔字型编码长度最长为四码，也就是说最多用四个字母代表一个汉字或一个词组，这四个字母的有序排列就是这个汉字或词组的五笔字型编码。在编码过程中，为提高输入速度和正确率，同时又规定对一些使用频率较高的汉字采用简码输入，即"五笔字型"中的简码（其内容将在本章其他部分介绍）。

　　从前面的讲述中，我们了解了"五笔字型"是一种字型编码方案，它具有与汉字的字型结构有关而与汉字的读音无关的特点。因此，要正确使用五笔字型，必须具备相应的汉字结构知识，否则在拆字根、确定识别码等关键环节上将无法进行。

现在流行的"五笔字型"输入法有"五笔字型汉字输入法"、"五笔加加输入法"、"极品五笔输入法"、"搜狗五笔输入法"等，它们的编码方法基本上是一致的，本章我们主要介绍的是"86版五笔字型输入法"。

王永民：86版五笔字型

20世纪80年代初，计算机时代即将来临，如何把汉字输入到计算机是当时人们不敢问津的难关，因为这个工作涉及语言文字学、工程心理学和计算机技术等多种学科。

王永民教授和助手们把《现代汉语词典》上的1万多个汉字逐个分解、登记，做成卡片，然后从统计记录中归纳出200多个字根。1983年春节，他们设计出一种能与国际先进水平一比高低的汉字输入方案，这就是"五笔字型汉字输入法"。1983年2月，五笔字型通过省级鉴定。到了1986年，专家评估其输入速度达到了世界最高水平也就是现在所说的86版五笔字型。现在，五笔字型已经成为全社会普及较广、影响最大的计算机汉字录入技术。

2.2 汉字的字型结构

一、汉字的笔画

➤ **【任务1】了解汉字的笔画**

从汉字的书写形态上来看其笔画有：点、横、竖、撇、捺、提、钩（左竖钩和右竖钩）、折等八种。但在"五笔字型"编码方案中，汉字的笔画只有横、竖、撇、捺、折五种，依次用1、2、3、4、5作为它们的笔画代号，又根据笔画走向，把提归为横；左竖钩归为竖；点归为捺，其他带转折的笔画都归为折。它们的笔画走向和变形规律如表2-1所示。

表2-1　　　　　　　　　　　　　　　汉字的笔画

代　号	笔画名称	笔画走向	笔画及其变形
1	横	左→右	一、╱
2	竖	上→下	｜、亅
3	撇	右上→左下	丿
4	捺	左上→右下	丶、乀
5	折	带转折	乙、乛、乚、乚、乛

汉字的基本笔画在"五笔字型"中具有非常重要的意义，是学习"五笔字型"的第一步，必须深刻领会基本笔画的含义，做到对汉字中的所有笔画都能熟练地归纳到五种基本笔画之中。既要记住"1横、2竖、3撇、4捺、5折"的代号，也要记住"提、左竖钩、点"三种特殊笔画的归类。

二、汉字的基本组成单位

> **【任务2】了解汉字的基本组成单位**

完整的汉字既不是一系列不同笔画的线性排列，也不是一组组笔画的任意堆积，而是由若干笔画复合连接交叉所形成的相对不变的结构。在"五笔字型"中，字根是组成汉字的最小基本单位。字根大约有 200 个左右，这些基本单位经过拼形组合，就产生出众多的汉字。如"明"字由"日"、"月"组成，"吕"字由两个"口"组成等。

三、汉字的字型信息

> **【任务3】掌握汉字的基本结构**

有些汉字，虽然它们有相同的字根，但由于字根之间的相对位置不一样，就构成了不同的汉字。如"邑、吧"，它们的字根虽然相同，都是由"口"和"巴"组成的，但字根之间的位置却不一样。"邑"中"口"和"巴"的位置是上下关系，"吧"中"口"和"巴"的位置是左右关系。为了区分这些汉字，"五笔字型"引入了字型结构的概念，把汉字按字型的结构信息分成三种基本类型，这种分类主要是根据汉字的偏旁部首的位置来确定的，如表 2-2 所示。

表 2-2 　　　　　　　　　　　汉字的三种基本类型

字型代号	字型	图　示	字　例	特　征
1	左右	‖ ‖ ‖ ‖	汉、湘、结、封	字根间可以有间距，总体左右排列
2	上下	▭ ▭ ▭ ▭	字、莫、花、华	字根间可以有间距，总体上下排列
3	杂合	▢ ⊠	困、凶、这、司、乘	字根间虽有间距，但不分上下左右

1 型汉字：左右结构的汉字（又称左右型），字型代号为"1"。左右结构的汉字是指汉字由左右两部分或左中右三部分构成，如"代"、"明"、"响"、"构"、"组"、"部"、"位"、"外"、"根"、"据"、"仍"、"按"、"样"、"汉"、"像"、"信"、"技"、"邻"、"领"、"竞"、"确"、"种"、"编"、"使"、"注"、"特"、"树"、"测"、"例"等字。

详解左右型结构（1型）汉字：

（1）在由两个字根组成的汉字中，两个字根分列左右，整个汉字中有明显的界线，并且字根间有一定的距离，如"汉"、"明"、"林"、"休"、"代"、"位"、"外"、"仍"等字，像这类汉字，就属于左右型结构的汉字。

（2）在由三个字根组成的汉字中，组成整个字的三个字根从左到右顺序排列，或者单独占据一边的一个字根与另外两个字根呈左右排列，如"辩"、"掰"、"指"、"韵"等字，都属于左右型结构的汉字。

（3）在由四个字根或多个字根组成的汉字中，组成整个字的若干字根很明显地被分成左右或左中右，无论左右哪一边字根数多，都将这种汉字定为左右型结构汉字，如"键"、"能"等字。

2 型汉字：上下结构的汉字（又称上下型），字型代号为"2"。上下结构的汉字是指汉字由上下两部分或自上往下几部分构成，如"巍"、"昌"、"感"、"萎"、"想"、"需"、"要"、"定"、"杂"、"合"、"最"、"整"、"是"、"字"、"型"、"复"、"置"、"灾"、"胃"、"磊"等字。值得注意的是，"巍"这类字虽然下面的"魏"是按左右型组合而成的，但整体仍是上下型结构。

> **详解上下型结构（2 型）汉字：**
> （1）在由两个字根组成的汉字中，两个字根的位置是上下的关系，这两个字根之间有明显的界线，且有一定的距离，如"节"、"个"、"字"、"另"等字，都属于上下型结构的汉字。
> （2）在由三个字根组成的汉字中，或者组成汉字的三个字根从上到下顺序排列，三个字根也是分成两个部分，虽然其中一个部分的字根数要多一些，但两个部分仍然是上下两层的位置关系，如"意"、"花"、"怒"、"想"等字。
> （3）在由四个字根或多个字根组成的汉字中，字根也明显地分成上下或上中下，则无论是上半部分字根数多一些，还是下半部分字根数多一些，这样的汉字都属于上下型结构汉字，如"赢"、"离"、"聚"、"熊"等字。

3 型汉字：杂合结构的汉字（又称杂合型），字型代号为"3"。也就是没有明显左右和上下结构特点的汉字。如"巨"、"匠"、"必"、"成"、"连"、"还"、"进"、"原"、"问"、"井"、"自"、"正"、"千"、"丙"、"国"、"周"、"园"等字。

> **详解杂合型结构（3 型）汉字：**
> 杂合型汉字包括单体、半包围、全包围三种类型，就是指组成整字的各个字根之间没有简单明确的左右或上下型关系，如"车"、"因"、"周"、"半"、"国"等字。
> 在五笔字型汉字结构的划分中，必须着重注意如下约定。
> （1）凡单笔画与字根相连者或带点结构都视为杂合型，如"自"、"勺"等字。
> （2）汉字结构区分时，有些汉字位置不明显，往往被误认为杂合型，实际为上下型，如"矢"、"严"、"右"、"左"、"有"、"布"、"灰"等字。
> （3）含两字根且相交者为杂合型，如"乐"、"电"、"本"、"无"、"农"等字。
> （4）下含"辶"为杂合型，如"进"、"过"、"遂"等字。
> （5）以下各字为杂合型："司"、"床"、"厅"、"龙"、"尼"、"式"、"后"、"处"等字。

在使用"五笔字型"输入汉字时，有时只输入该字的字根编码是不够的，还需要根据字型信息进一步确定。如"叭"和"只"字，都是由"口"和"八"两个字根组成的，为了区别究竟是哪一个字，就必须使用字型信息来确定该汉字的字型结构。在成千上万的汉字中，一般来说左右型的汉字占的比重最大，其次是上下型，占比重最少的是杂合型。必须注意的是，对汉字的结构进行如此划分，不是只对组成汉字的字根部分而言，而是就汉字的整体轮廓来进行划分的。

四、字根的四种连接方式

> **【任务4】掌握"单"、"散"、"连"、"交"四种字根的连接类型**

所有汉字都是由基本字根组成的，基本字根在组成汉字时，按照它们之间的连接方式可以区分为四种类型。

1. "单"

"单"是指基本字根本身就是一个汉字,如"口"、"木"、"山"、"田"、"马"、"寸"等字。

2. "散"

"散"是一个汉字由多个分散的字根组成,而且字根间保持一定的距离,如"吕"、"识"、"汉"、"照"等字。

3. "连"

"连"的情况有两种:一种情况是一个基本字根连着一个单笔画,单笔画可以是在字根前连接也可以在字根后连接,如"丿"下连"目"构成"自";"丿"下连"十"构成"千";"一"上连"月"构成"且"等;"连"的另一种情况是所谓"带点的结构",即一个基本字根周围有一个孤立的点,如"勺"、"术"、"太"、"主"等字,都是"连"的情况。由此可以看到,所有基本字根与单笔画相连之后形成的汉字,都不能分为几个保持一定距离的部分,因此,从这一点来判断这类汉字的字型时,它们都应属于杂合型。

"带点的结构"即一个基本字根周围有一个孤立点的汉字结构,字根与单笔画之间不能当作"散"的关系。

4. "交"

"交"是指多个基本字根相互交叉连接成汉字时,字根之间有重叠的部分,如:"申"是由"日"、"丨"交叉构成;"里"是由"日"、"土"交叉构成;"夷"是由"一"、"弓"和"人"交叉构成的等。

判断字根的连接方式时,还有一种情况不容忽视即混合型,也就是几个字根之间有"连"的关系,又有"交"的关系。如"丙",是"一"连着"内",而"内"又是由"冂"和"人"相交形成等。由此可以看出,所有由基本字根交叉构成的汉字,基本字根之间是没有距离的,因此,这类汉字的字型,毫无疑问都属于杂合型。

基本字根单独成字,不需要判断它的字型。属于"散"的汉字,可以是左右型和上下型;属于"连"与"交"的汉字,一律是杂合型。

2.3 五笔字型字根键盘

一、五笔字型字根键盘

➤ 【任务1】掌握五笔字型字根键盘的字根分布规律

1. 五笔字型字根键盘

在"五笔字型"中,基本字根包括五种基本笔画在内共有 200 个左右,将这些基本字根根据其起始笔画的不同分别放在键盘的 25 个键位上（【Z】键除外），再把这 25 个键分成五个区，分别为横区（又叫 1 区）、竖区（又叫 2 区）、撇区（又叫 3 区）、捺区（又叫 4 区）、折区（又叫 5 区），每区有 5 个键，每个键称为一个位，共有 25 个位，位号由中间向两边排列。这样用区号和位号组成一个两位数字，用这个两位数字用来表示每一个键时就称为该键的区位号。含有字根和区位号的键盘叫五笔字型字根键盘，如图 2-1 所示。

图 2-1　五笔字型字根键盘

2. 五笔字型字根助记词

　　结合上面的五笔字型字根键盘图，不难发现五笔字型字根多、分布散，记忆起来比较困难，怎样才能记住这么多看上去杂乱无章的字根呢？为了解决这一问题，王永民教授根据字根的分布特点编写了"五笔字型字根助记词"（简称"字根助记词"或"助记词"），如表 2-3 所示。

表 2-3　　　　　　　　　　　　　　　　五笔字型字根助记词

字 根 助 记 词

第 一 区	第 二 区	第 三 区	第 四 区	第 五 区
11G: 王旁青头戋（兼）五一，	21H: 目具上止卜虎皮，	31T: 禾竹一撇双人立，反文条头共三一，	41Y: 言文方广在四一，高头一捺谁人去，	51N: 已半巳满不出己，左框折尸心和羽，
12F: 土士二干十寸雨，	22J: 日早两竖与虫依，	32R: 白手看头三二斤，	42U: 立辛两点六门疒（病），	52B: 子耳了也框向上，
13D: 大犬三羊古石厂，	23K: 口与川，字根稀，	33E: 月彡（衫）乃用家衣底，	43I: 水旁兴头小倒立，	53V: 女刀九臼山朝西，
14S: 木丁西，	24L: 田甲方框四车力，	34W: 人和八，三四里，	44O: 火业头，四点米，	54C: 又巴马，丢矢矣，
15A: 工戈草头右框七	25M: 山由贝，下框几	35Q: 金勹缺点无尾鱼，犬旁留叉儿一点夕，氏无七（妻）	45P: 之字军盖建道底，摘礻（示）衤（衣）	55X: 慈母无心弓和匕，幼无力

3. 字根详解

● 第一区字根详解如下：

助记词：11G　王旁青头戈（兼）五一

根据助记词可以写出字根：**王、丰、戈、五、一**

王丰戈
一五
G

土士干十
二甲寸
雨
F

助记词：12F　土士二干十寸雨

根据助记词可以写出字根：**土、士、二、干、十、寸、雨**

特别注意：甲（例：革）

助记词：13D　大犬三羊古石厂

根据助记词可以写出字根：**大、犬、三、手、古、石、厂**

特别注意：
1. 𠂇、龶、𦥑（例：右、页、龙）
2. 镸（例：肆）
3. 𦍌（例：着）

大犬古石
三手𦍌县
厂𠂇𠂆𦥑
D
D

木丁
西
S

助记词：14S　木丁西

根据助记词可以写出字根：**木、丁、西**

S

助记词：15A　工戈草头右框七

根据助记词可以写出字根：工、戈、艹、匚、七

特别注意：
1．廾、卉、廿（例：升、共、革）
2．弋（例：代）

A

第二区字根详解如下：

H

助记词：21H　目具上止卜虎皮

根据助记词可以写出字根：目、且、上、止、卜、广、虍

特别注意：
1．龰　（例：定）
2．｜、⺊　（例：市、卢）

助记词：22J　日早两竖与虫依

根据助记词可以写出字根：日、曰、早、刂、虫

特别注意：
1．川、刂、刂（例：骄、师、刘）
2．口（例：临）

J

K

助记词：23K　口与川，字根稀

根据助记词可以写出字根：口、川

特别注意：川（例：带）

助记词：24L　田甲方框四车力

根据助记词可以写出字根：田、甲、口、四、车、力

特别注意：皿、罒、⺲、⺫（例：血、增、署、舞）

L

M

助记词：25M　山由贝，下框几

根据助记词可以写出字根：山、由、贝、冂、几

特别注意：冎（例：骨）

● 第三区字根详解如下：

助记词：31T　禾竹一撇双人立，反文条头共三一

根据助记词可以写出字根：禾、竹、丿、彳、攵、夂

特别注意：
1. ⺮　（例：筑）
2. 朩　（例：叙）
3. 𠂉　（例：吃）

T

R

助记词：32R　白手看头三二斤

根据助记词可以写出字根：白、手、龵、斤

特别注意：
1. 扌（例：扎）
2. ⺈、厂（例：吻、抓、制）
3. 𠂉（例：制）

助记词：33E　月彡（衫）乃用家衣底

根据助记词可以写出字根：**月、彡、乃、用、家、衣**

特别注意：
1. 目、舟（例：且、舟）
2. 豕、豸（例：象、貌）
3. 以（例：良）
4. 爫（例：采）

E

助记词：34W　人和八，三四里

根据助记词可以写出字根：**人、八**

特别注意：
1. 亻（例：做）
2. 癶、夕（例：凳、祭）

W

助记词：35Q　金勺缺点无尾鱼，犬旁留叉儿一点夕，氏无七（妻）

根据助记词可以写出字根：**金、勹、鱼、犭、乂、儿、夕、匚**

特别注意：
1. 钅（例：钱）
2. 川（例：流）
3. 夂、夕（例：久、然）

Q

● 第四区字根详解如下：

助记词：41Y　言文方广在四一，高头一捺谁人去

根据助记词可以写出字根：**言、讠、文、方、广、亠、丶、㇏**

特别注意：亠（例：卞）

Y

助记词：42U 立辛两点六门疒（病）

根据助记词可以写出字根：**立、辛、冫、六、门、疒**

特别注意：
1. 亠（例：帝）
2. ⺌、⺍、⺀、⺕（例：总、益、於、将）

U

助记词：43I 水旁兴头小倒立

根据助记词可以写出字根：**水、氵、⺍、小、⺌**

特别注意：
1. 氺、⺗（例：泳、泰）
2. ⺍、⺌、⺜（例：学、应、光）

I

助记词：44O 火业头，四点米

根据助记词可以写出字根：**火、业、灬、米**

特别注意：小（例：亦）

O

助记词：45P 之字军盖建道底，摘礻（示）衤（衣）

根据助记词可以写出字根：**之、冖、宀、廴、辶、礻**

P

● 第五区字根详解如下：

助记词：51N　已半巳满不出己，左框折尸心和羽

根据助记词可以写出字根：**已、巳、己、彐、乙、尸、心、羽**

特别注意：
1. 尸（例：眉）
2. 小（例：添）
3. 忄（例：惧）

N

助记词：52B　子耳了也框向上

根据助记词可以写出字根：**子、孑、耳阝、卩、了、也、凵**

特别注意：
1. 巛（例：粼）
2. 卩（例：范）

B

助记词：53V　女刀九臼山朝西

根据助记词可以写出字根：**女、刀、九、臼、彐**

特别注意：巛（例：巡）

V

助记词：54C　又巴马，丢矢矣

根据助记词可以写出字根：**又、巴、马、厶**

特别注意：
1. 了（例：颈）
2. マ（例：预）

C

助记词：55X　慈母无心弓和匕，幼无力

根据助记词可以写出字根：厶、弓、匕、幺

特别注意：
1. 幺、比（例：丝、比）
2. 厶（例：互、贯）
3. 纟（例：级）

X

2.4　汉字的拆分

一、汉字拆分原则

➤ **【任务1】掌握汉字的拆分原则**

汉字是由字根组成的，要想用"五笔字型"输入汉字，就要把汉字拆分为字根。将汉字拆分为字根一般应遵循以下原则：书写顺序、取大优先、兼顾直观、能散不连、能连不交。下面将详细介绍拆分原则。

1. "书写顺序"原则

"书写顺序"原则是指按照汉字书写的顺序，将汉字拆分成键面上含有的基本字根。汉字的书写顺序一般是先左后右，先上后下，先横后竖，先撇后捺，先内后外，先中间后两边，先进门后关门。但也有例外情况，例如"我"字的最后两笔，正常的书写顺序应是先写"丿"，后写"、"，在五笔字型中，则要先输入"、"，后输入"丿"。

例1：担

"担"按书写顺序拆分为"扌"、"日"和"一"三个字根。其中，"扌"在【R】键上，"日"在【J】键上，"一"在【G】键上，编码为："RJG"，如图2-2所示。

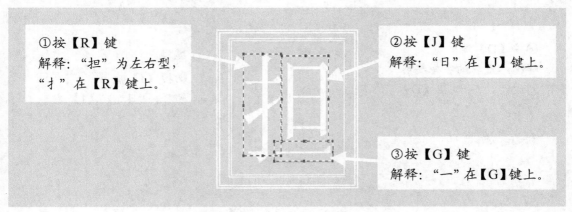

①按【R】键
解释："担"为左右型，"扌"在【R】键上。

②按【J】键
解释："日"在【J】键上。

③按【G】键
解释："一"在【G】键上。

图2-2　"担"字拆分图解

例2：霜

"霜"按书写顺序拆分为"雨"、"木"、"目"三个字根。其中，"雨"在【F】键上，"木"在【S】键上，"目"在【H】键上，编码为："FSH"，如图2-3所示。

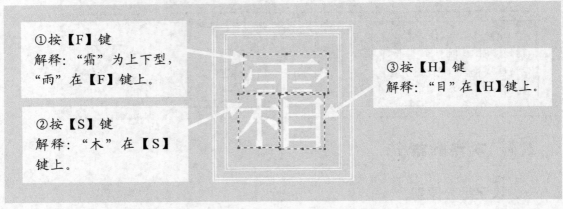

①按【F】键

解释："霜"为上下型，"雨"在【F】键上。

②按【S】键

解释："木"在【S】键上。

③按【H】键

解释："目"在【H】键上。

图2-3 "霜"字拆分图解

2. "取大优先"原则

"取大优先"原则是指在拆分汉字时，拆分的字根依次尽可能的取大，如"郭"应取字根为"亠"、"子"、"阝"，不能拆分为"亠"、"口"、"子"、"阝"，因为"亠"、"口"虽然都是基本字根，但在字"郭"中，按"取大优先"原则应取"亠"为最大。

例1：百

"百"有两种拆分方法

百："一"和"日"（第一个字根"一"取到最大，是正确的）

百："一"和"白"（要依次取，第一个字根"一"没有取最大，是错误的）

"百"拆分为"一"、"日"两个字根，其中，"一"在【D】键上，"日"在【J】键上，编码为："DJ"，如图2-4所示。

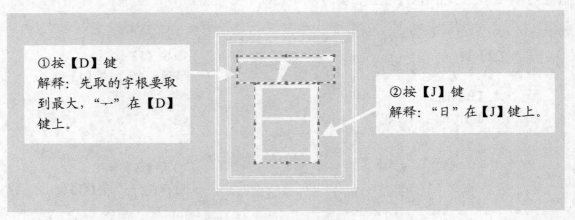

①按【D】键

解释：先取的字根要取到最大，"一"在【D】键上。

②按【J】键

解释："日"在【J】键上。

图2-4 "百"字拆分图解

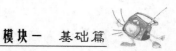

例2：敦

"敦"字有两种拆分方法

敦："亠"、"子"和"攵"（第一个字根"亠"取到最大，是正确的）

敦："亠"、"口""子"和"攵"（第一个字根"亠"没有取最大，是错误的）

"敦"拆分为"亠"、"子"和"攵"三个字根，其中，"亠"在【Y】键上，"子"在【B】键上，"攵"在【T】键上，编码为："YBT"，如图2-5所示。

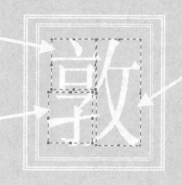

①按【Y】键
解释：先取的字根要取到最大，"亠"在【Y】键上。

②按【B】键
解释："子"在【B】键上。

③按【T】键
解释："攵"在【T】键上。

图2-5 "敦"字拆分图解

例3：牛

"牛"字有两种拆分方法

牛："⺧"和"｜"（第一个字根"⺧"取到最大，是正确的）

牛："⺕"和"十"（第一个字根"⺕"没有取最大，是错误的）

"牛"拆分为"⺧"和"｜"两个字根，其中，"⺧"在【R】键上，"｜"在【H】键上，因为重码的原因，还要加上识别码【K】（关于识别码的内容在本章的后半部分将进行详细介绍），编码为："RHK"，如图2-6所示。

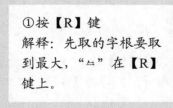

①按【R】键
解释：先取的字根要取到最大，"⺧"在【R】键上。

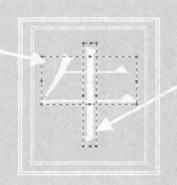

②按【H】键
解释："｜"在【H】键上。

图2-6 "牛"字拆分图解

3."兼顾直观"原则

"兼顾直观"原则就是在拆分汉字时，为了照顾汉字字根的完整性，有时不得不暂且牺牲一下"书写顺序"和"取大优先"的原则，形成个别例外的情况。

例：自

"自"按"取大优先"的原则应取"丿"、"乙"和"三"三个字根，但这样拆分不直观，因此只能拆分为"丿"、"目"两个字根，其中，"丿"在【T】键上，"目"在【H】键上，同时因为重码的原因，还要加上识别码【D】，编码为："THD"，如图2-7所示。

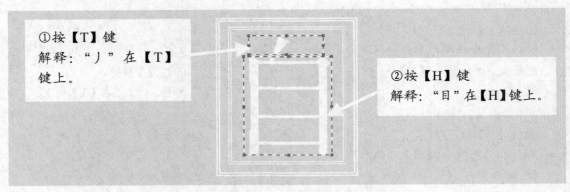

图2-7 "自"字拆分图解

4."能散不连"原则

"能散不连"原则是指在拆分汉字时，有的字根既可看作是"散"的关系，也可看作是"连"的关系时，应当遵循这个原则，看作是"散"的关系。

例：足

"足"是由"口"和"龰"两个字根组成，从外形上看，它们既可看作是"散"的关系，也可以看作是"连"的关系，根据"能散不连"的原则，这种情况应看作是"散"的关系，而不应该看作是"连"的关系。其中，"口"在【K】键上，"龰"在【H】键上，因为重码的原因，还要加上识别码【U】，编码为"KHU"，如图2-8所示。

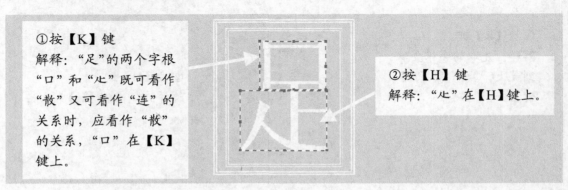

图2-8 "足"字拆分图解

5."能连不交"原则

"能连不交"的原则是指某些汉字的字根关系，既可看做是"连"的关系，也可看做是"交"的关系时，应当遵循这个原则，看作是"连"的关系。

例1：午

"午"有两种拆分方法 $\begin{cases} \text{午："丿"、"十"（这两个字根之间是"连"的关系，是正确的）} \\ \text{午："⊆"、"丨"（这两个字根之间是"交"的关系，是错误的）} \end{cases}$

"午"由"丿"和"十"两个字根组成，其中，"丿"在【T】键上，"十"在【F】键上，"午"还要加上识别码【J】，编码为"TFJ"，如图2-9所示。

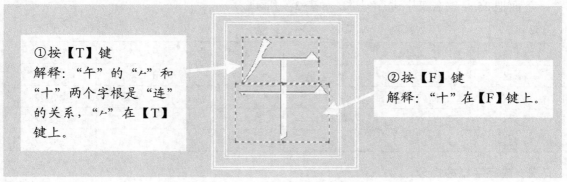

①按【T】键
解释："午"的"丿"和"十"两个字根是"连"的关系，"丿"在【T】键上。

②按【F】键
解释："十"在【F】键上。

图2-9 "午"字拆分图解

例2：天

"天"有两种拆分方法 $\begin{cases} \text{天："一"、"大"（这两个字根之间是"连"的关系，是正确的）} \\ \text{天："二"、"人"（这两个字根之间是"交"的关系，是错误的）} \end{cases}$

"天"由"一"和"大"两个字根组成，其中，"一"在【G】键上，"大"在【D】键上，编码为"GD"，如图2-10所示。

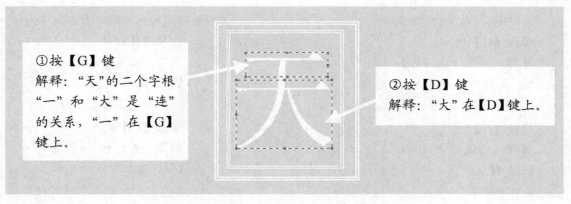

①按【G】键
解释："天"的二个字根"一"和"大"是"连"的关系，"一"在【G】键上。

②按【D】键
解释："大"在【D】键上。

图2-10 "天"字拆分图解

二、特殊汉字的拆分

> **【任务2】掌握键名汉字、成字字根、偏旁部首的拆分原则**

1. 键名汉字（又称键名字）的拆分

键名汉字是字根键盘上每个字根键左上角的第一个字根，也是每个键对应字根助记词的第一个字，它一般为一个汉字或能代表此键位的偏旁部首，共有25个。

键名汉字的编码规则：连击字根所对应的键四下。

例如，"金"的编码是"QQQQ"，"言"的编码是"YYYY"，"已"的编码是"NNNN"，"山"的编码是"MMMM"等。

下面把25个键名汉字进行列举，如表2-4所示。

表2-4　　　　　　　　　　　　25个键名汉字

第1区	王（G）	土（F）	大（D）	木（S）	工（A）
第2区	目（H）	日（J）	口（K）	田（L）	山（M）
第3区	禾（T）	白（R）	月（E）	人（W）	金（Q）
第4区	言（Y）	立（U）	水（I）	火（O）	之（P）
第5区	已（N）	子（B）	女（V）	又（C）	纟（X）

2. 成字字根的拆分

在五笔字型字根键盘中，除了键名汉字外，还有一些本身就是汉字的字根，这些字既是字根又是汉字（还有另外一种说法是把能直接输出的偏旁部首也叫成字字根），我们称之为成字字根，如"五"、"二"、"三"、"西"、"手"、"儿"、"米"、"由"、"巴"等字，共有65个左右。

成字字根的编码规则为：键名码（俗称"报户口"）+首笔代号（码）+次笔代号（码）+末笔代号（码）。当编码不足四码时，要按一下空格键。

例1：五

"五"的键名码为【G】，首笔是横为【G】，次笔是竖为【H】，末笔是横为【G】，编码为"GGHG"，如图2-11所示。

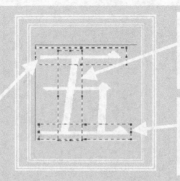

①按【G】键
解释："五"在【G】键上。

③按【H】
解释：次笔为"丨"在【H】键上。

②按【G】键
解释：首笔为"一"在【G】键上。

④按【G】键
解释：末笔为"一"在【G】键上。

图2-11　"五"字拆分图解

例2：六

"六"的键名码为【U】，首笔是点为【Y】，次笔是横为【G】，末笔是捺为【Y】，编码为"UYGY"，如图2-12所示。

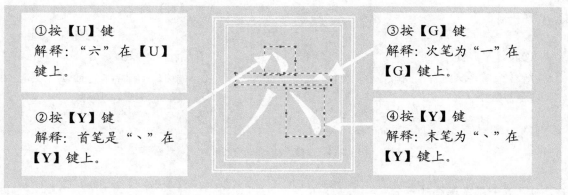

图2-12 "六"字拆分图解

例3：八

"八"的键名码为【W】，首笔是撇为【T】，次笔是捺为【Y】，编码不足四码，按一下空格键，编码为"WTY+空格"，如图2-13所示。

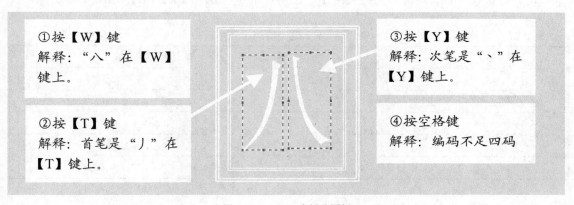

图2-13 "八"字拆分图解

3. 偏旁部首的拆分

我们在录入文本时，不仅要录入常规的汉字，有时候还要录入一些偏旁部首，如"刂"、"讠"、"氵"、"巛"、"亻"、"亠"、"疒"、"阝"、"匚"、"纟"、"廿"、"井"、"忄"等，大概有40个，它们的编码方法和成字字根一致。

偏旁部首的编码规则为：键名码（俗称"报户口"）+首笔代号（码）+次笔代号（码）+末笔代号（码）。当编码不足四码时，要按一下空格键。

例：讠

字根"讠"在【Y】键上，首笔是点为【Y】，次笔是折为【N】，编码不足四码，按一下空格键，编码为"YYN+空格"，如图2-14所示。

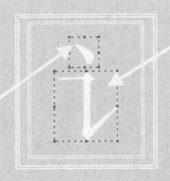

①按【Y】键
解释："讠"在【Y】键上。

②按【Y】键
解释：首笔是"丶"在【Y】键上。

③按【N】键
解释：末笔是"乙"在【N】键上。

④按空格键
解释：编码不足四码。

图 2-14　部首"讠"的拆分图解

4．五个基本笔画的拆分

一个汉字不管它是简单的还是复杂的，都是由最基本的笔画组成。根据笔画的起笔方向，将汉字的诸多笔画归纳起来，共有五种，即横（一）、竖（丨）、撇（丿）、捺（丶）、折（乙），当需要录入这些笔画时应遵循如下规则。

五个基本笔画的编码规则为：按两下笔画所在的键位加按【L】【L】，如表 2-5 所示。

表 2-5　　　　　　　　　　　　　　　基本笔画编码

笔　　画	所 在 键 位	编　　码
一	G	GGLL
丨	H	HHLL
丿	T	TTLL
丶	Y	YYLL
乙	N	NNLL

三、常用汉字的拆分方法

➤ 【任务 3】掌握常用汉字的拆分方法

1．"不足四根字"的编码规则

在"五笔字型"中，一般是四个字根组成一个汉字或词组。当组成汉字的字根不足四个时，应补加空格键，如"信"、"系"、"李"、"条"等字。

"不足四根字"的编码规则为：依次取完所有字根＋空格。

例 1：信

"信"由"亻"和"言"两个字根组成，其中，"亻"在【W】键上，"言"在【Y】键上，不足四码，依次取完所有的字根再加空格键，编码为"WY+空格"，如图 2-15 所示。

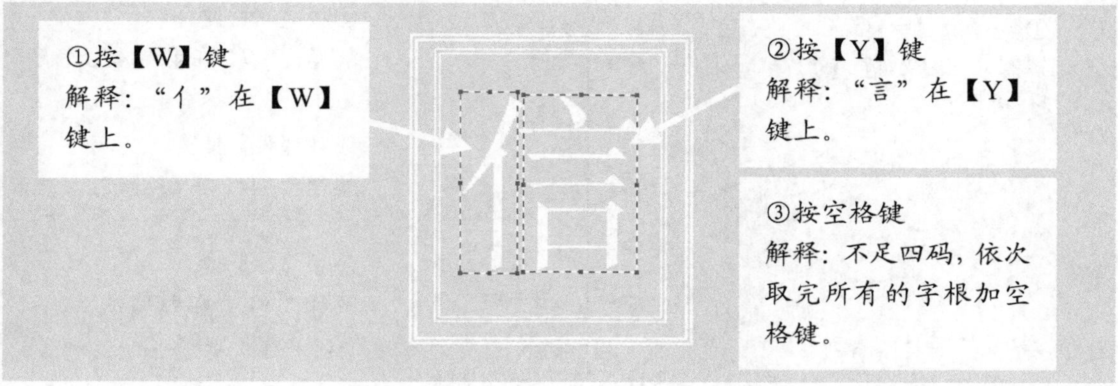

①按【W】键
解释："亻"在【W】键上。

②按【Y】键
解释："言"在【Y】键上。

③按空格键
解释：不足四码，依次取完所有的字根加空格键。

图 2-15 "信"字拆分图解

例2：系

"系"由"丿"、"幺"和"小"三个字根组成，其中，"丿"在【T】键上，"幺"在【X】键上，"小"在【I】键上，不足四码依次取完所有的字根再加空格键，编码为"**TXI+空格**"，如图 2-16 所示。

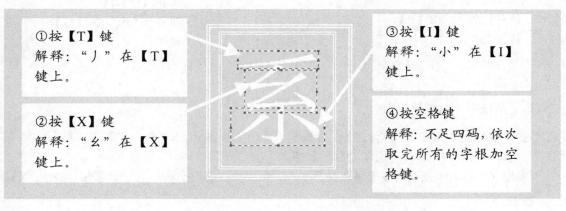

①按【T】键
解释："丿"在【T】键上。

②按【X】键
解释："幺"在【X】键上。

③按【I】键
解释："小"在【I】键上。

④按空格键
解释：不足四码，依次取完所有的字根加空格键。

图 2-16 "系"字拆分图解

2."四根字"的编码规则

"四根字"是指刚好由四个字根构成的字，如"照"、"觉"、"型"、"被"、"翻"等字。

"四根字"的编码规则：依次取完四个字根。

例1：照

"照"由"日"、"刀"、"口"和"灬"四个字根组成，其中，"日"在【J】键上，"刀"在【V】键上，"口"在【K】键上，"灬"在【O】键上，编码为"JVKO"，如图 2-17 所示。

例2：觉

"觉"由"⺍"、"冖"、"冂"和"儿"四个字根组成，其中，"⺍"在【I】键上，"冖"在【P】键上，"冂"在【M】键上，"儿"在【Q】键上，编码为"IPMQ"，如图 2-18 所示。

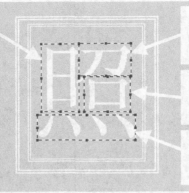

①按【J】键
解释："日"在【J】键上。

②按【V】键
解释："刀"在【V】键上。

③按【K】键
解释："口"在【K】键上。

④按【O】键
解释："灬"在【O】键上。

图 2-17　"照"字拆分图解

①按【I】键
解释："⺌"在【I】键上。

②按【P】键
解释："冖"在【P】键上。

③按【M】键
解释："冂"在【M】键上。

④按【Q】键
解释："儿"在【Q】键上。

图 2-18　"觉"字拆分图解

3."多根字"的编码规则

"多根字"是指按照规定拆分之后，总数多于四个字根的字，如"题"、"版"、"鼓"、"赛"、"遵"、"腧"、"撑"、"攘"、"董"、"慧"等字。

"多根字"的编码规则：按顺序取其第一个、第二个、第三个和最后一个字根，共取四码。

例1：题

"题"由"日"、"一"、"𤴔"、"一"和"贝"组成，按编码规则取第一个字根"日"、第二个字根"一"、第三个字根"𤴔"和最后一个字根"贝"，即取"日"、"一"、"𤴔"、"贝"四个字根。其中，"日"在【J】键上，"一"在【G】键上，"𤴔"在【H】键上，"贝"在【M】键上，编码为"JGHM"，如图 2-19 所示。

例2：版

"版"由"丿"、"丨"、"一"、"コ"、"厂"和"又"组成，按编码规则取第一个字根"丿"、第二个字根"丨"、第三个字根"一"和最后一个字根"又"，即取"丿"、"丨"、"一"和"又"四个字根。其中，"丿"在【T】键上，"丨"在【H】键上，"一"在【G】键上，"又"在【C】键上，编码为"THGC"，如图 2-20 所示。

4. 复合字根

在"五笔字型汉字输入法"中，有一些偏旁是由两个以上的字根组成，称之为复合字根。

复合字根由基本字根组成，是汉字的偏旁或一部分。如"曲"="冂"+"卅"，编码为"MA"；"典"="冂"+"卅"+"八"，编码为"MAW"；"曹"="一"+"冂"+"卅"+"日"，编码为"GMAJ"。如【Q】键上的"犭"字根，加一撇就组成了"犭"，带这个偏旁的字有"猎"、"猪"、"狗"、"猫"、"狼"等，如"猎"="犭"+"丿"+"卅"+"日"，编码为"QTAJ"；"狗"="犭"+"丿"+"勹"+"口"，编码为"QTQK"。再如【P】键上的"礻"加上"丶"为"礻"，带这个偏旁的字有"社"、"祺"、"祁"、"祖"、"福"、"神"等，如"社"="礻"+"丶"+"土"，编码为"PYF+空格"。加上"く"为"衤"，带这个偏旁的字有"裤"、"褡"、"补"、"被"、"裎"、"裢"等，如"裤"="衤"+"く"+"广"+"车"，编码为"PUYL"。

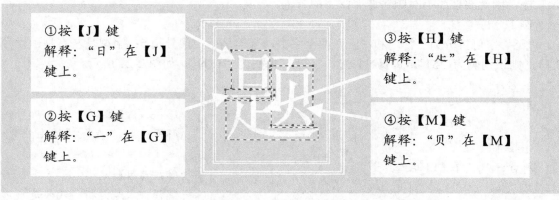

图 2-19 "题"字拆分图解

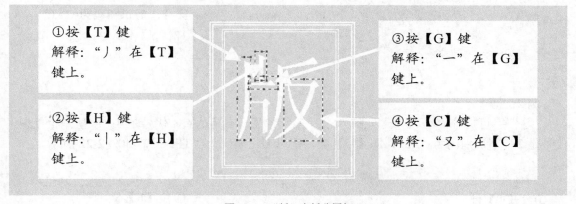

图 2-20 "版"字拆分图解

四、五笔字型末笔识别码

> **【任务4】熟练掌握五笔字型末笔识别码**

在"五笔字型"中，为了减少"重码率"（本章后半部分介绍），对不足四码的汉字采用增加一码，即"末笔字型交叉识别码"（简称"末笔识别码"或"识别码"）的方法。

1. 末笔识别码的组成

"末笔识别码"是指把汉字的末笔笔画的代号（码）作为"识别码"的区号，字型代号（码）

作为"识别码"的位号，组成一个区位码，即"末笔"代号（码）加"字型"代号（码）。根据"末笔"代号（码）和"字型"代号（码）就可以找到所在的键位，该键位的字母就是这个汉字的"末笔识别码"。所以，确定一个汉字的"识别码"最主要的是确定它的字型代号（码）和末笔笔画，下面介绍关于"五笔字型"中末笔的几点约定。

2. 五笔字型中末笔的约定

● 按书写顺序选取汉字的末笔笔画

使用"末笔识别码"之前，首先要确定汉字的末笔笔画，汉字的书写需要按照指定的笔画顺序，因此要按照书写顺序选取汉字的末笔。

例1：汇

"汇"字可拆分为"氵"和"匚"两个字根，末笔是折，代号是5；字型是左右型，代号是1，则识别码为"51"，即【N】键，字母N编码为"IAN"，如图2-21所示。

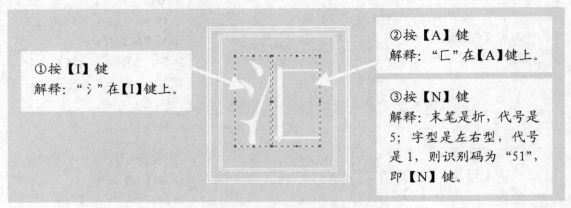

图2-21　"汇"字拆分图解

例2：等

"等"字可拆分"⺮"、"土"和"寸"三个字根，末笔是捺，代号是4；字型是上下型，代号是2，则识别码为"42"，即【U】键，字母U，编码为"TFFU"，如图2-22所示。

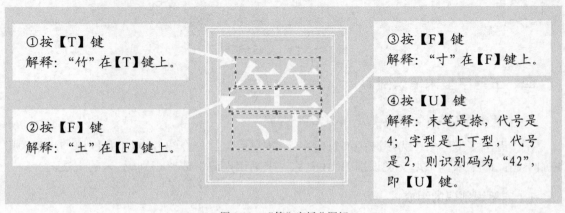

图2-22　"等"字拆分图解

● 全包围或半包围结构汉字的末笔笔画

对于全包围与半包围结构的汉字，它的末笔规定为被包围部分的末笔笔画，如"连"、"延"、"边"、"达"等字。

例：连

"连"字可拆分为"车"和"辶"，其中，"车"在【L】键上，"辶"在【P】键上，末笔是竖（也就是"车"字的最后一笔），代号是2；字型是杂合型，代号是3，识别码为"23"，即【K】键，字母K编码为"LPK"，如图2-23所示。

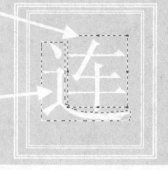

①按【L】键
解释："车"在【L】键上。

②按【P】键
解释："辶"在【P】键上。

③按【K】键
解释：末笔是竖（也就是"车"字的最后一笔），代号是2；字型是杂合型，代号是3，识别码为"23"，即【K】键。

图 2-23 "连"字拆分图解

● 伸长的折作为末笔

对末笔笔画的选择还有与书写顺序不一致的汉字，如"力"、"刀"、"九"、"匕"等字。鉴于这些字根的笔顺常常因人而异，五笔字型规定，它们在识别时，一律以其"伸"得最长的"折"笔作为末笔。

例1：仇

"仇"由"亻"和"九"组成，其中，"亻"在【W】键上，"九"在【V】键上，末笔是折（乙），代号是5；字型是左右型，代号是1，识别码为51，即【N】键，字母N编码为"WVN"，如图2-24所示。

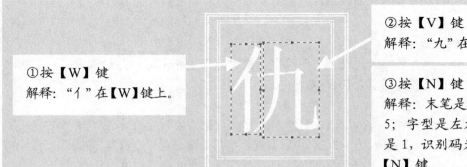

②按【V】键
解释："九"在【V】键上。

①按【W】键
解释："亻"在【W】键上。

③按【N】键
解释：末笔是折，代号是5；字型是左右型，代号是1，识别码为"51"，即【N】键。

图 2-24 "仇"字拆分图解

例2：仑

"仑"由"人"和"匕"组成，其中，"人"在【W】键上，"匕"在【X】键上，末笔是折，代号是5；字型是上下型，代号是2，识别码为"52"，即【B】键，字母B编码为"WXB"，如图2-25所示。

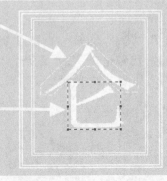

①按【W】键
解释："人"在【W】键上。

②按【X】键
解释："匕"在【X】键上。

③按【B】键
解释：末笔是折，代号是5；字型是上下型，代号是2，识别码为"52"，即【B】键。

图2-25   "仓"字拆分图解

● "我"、"成"等字的末笔

有些特殊的汉字，如"我"、"戋"、"成"等字的末笔，应按照"先上后下"的原则，一律规定以撇（"丿"）为其末笔。例如"我"字可拆分为"丿"、"扌"、"乙"和"丿"，末笔是撇，编码为"TRNT"，如图2-26所示。

①按【T】键
解释："丿"在【T】键上。

②按【R】键
解释："扌"在【R】键上。

③按【N】键
解释："乙"在【N】键上。

④按【T】键
解释："丿"在【T】键上。

图2-26   "我"字拆分图解

● 带点汉字的末笔

带单独点的字，如"义"、"太"、"勺"等字，把"点"当作末笔，并且认为"丶"与附近的字根是"连"的关系，字型为杂合型。

例：勺

"勺"字，按笔顺拆字根，可以拆成"勹"和"丶"，把"点"当作末笔，代号为4；字型是杂合型，代号为3，识别码为"43"，即【I】键，字母I编码为"QYI"，如图2-27所示。

3. 末笔识别码判别的另一种方法

对于"末笔识别码"，先取字的最后一个笔画，采用左右型乘1、上下型乘2、杂合型乘3的方法来编码。如左右型结构的"彻"字，最后一个笔画是"折"（也就是"乙"），把"折"乘上1还是"折"，一"折"在【N】键上，所以"彻"的识别码是【N】，编码为"TAVN"；上下型结构的"等"字，最后一个笔画是"点（捺）"（也就是"丶"），把一点（"丶"）乘上2就变成了2"点"（"冫"），2点（"冫"）在【U】键上，所以"等"的"识别码"是【U】，编码为"TFFU"；杂合型结构的"连"字最后一笔画是"竖"（也就是"丨"），把1竖乘上3就变成了3"竖"（"川"），3"竖"（"川"）在【K】键上，所以"连"的识别码为【K】，编码为"LPK＋空格"。

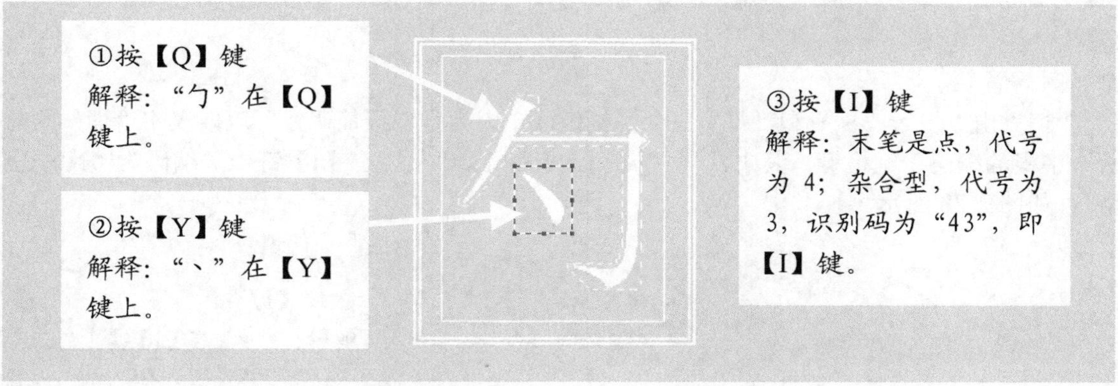

①按【Q】键

解释："勹"在【Q】键上。

②按【Y】键

解释："丶"在【Y】键上。

③按【I】键

解释：末笔是点，代号为4；杂合型，代号为3，识别码为"43"，即【I】键。

图2-27 "勾"字拆分图解

五、五笔字型的简码

> 【任务5】熟练掌握一级简码、二级简码的编码规则，了解三级简码的编码规则

1. 一级简码

简码是指在全码的基础上只取前面一个、两个或三个编码进行录入的汉字编码。它减少了击键次数，更容易判断汉字的字根编码，使用简码输入的汉字都需要按空格键结束。

在五笔字型中，简码共包括三种：一级简码、二级简码、三级简码。将最常用的25个汉字归纳为一级简码，因为这些汉字的使用频率较高，因此也被称为高频字，这些一级简码分布在键盘上的25个键位上（【Z】键除外）。

⊙ 一级简码的分布规律

一级简码的分布规律一般是按一级简码汉字的首笔笔画来进行分类的，具体分类如下。

首笔为"横"（一）的，在1区：一【G】、地【F】、在【D】、要【S】、工【A】；

首笔为"竖"（丨）的，在2区：上【H】、是【J】、中【K】、国【L】、同【M】；

首笔为"撇"（丿）的，在3区：和【T】、的【R】、有【E】、人【W】、我【Q】；

首笔为"捺"（丶）的，在4区：主【Y】、产【U】、不【I】、为【O】、这【P】；

首笔为"折"（乙）的，在5区：民【N】、了【B】、发【V】、以【C】、经【X】。

⊙ 一级简码编码规则

一级简码的编码规则为：简码所在键位＋空格。

一级简码是要牢记的，记住这25个汉字的编码，可以有效地提高录入速度。

2. 二级简码

在五笔字型中，二级简码由单字全码的前两个码组成。从理论上讲，二级简码按照排列

组合计算共有 25×25＝625 个，去掉一些不存在的字，二级简码共有 588 个。记住二级简码汉字，有利于提高录入速度。

　　二级简码的编码规则为：先取汉字的前两个字根的编码，然后补打空格键，即第一个字根的编码＋第二个字根的编码＋空格键。如"悄"、"沁"、"角"、"粗"、"曳"、"处"、"物"、"怪"、"早"、"晨"、"遇"、"难"、"部"、"长"、"理"、"事"、"高"、"度"、"增"、"强"、"紧"、"张"等字。

　　例：悄

　　"悄"由"忄"、"⺌"和"月"三个字根组成，因为是二级简码，所以取汉字"悄"的前两个字根的编码＋空格键。其中，"忄"在【N】键上，"⺌"在【I】键上，编码为"NI＋空格"，如图 2-28 所示。

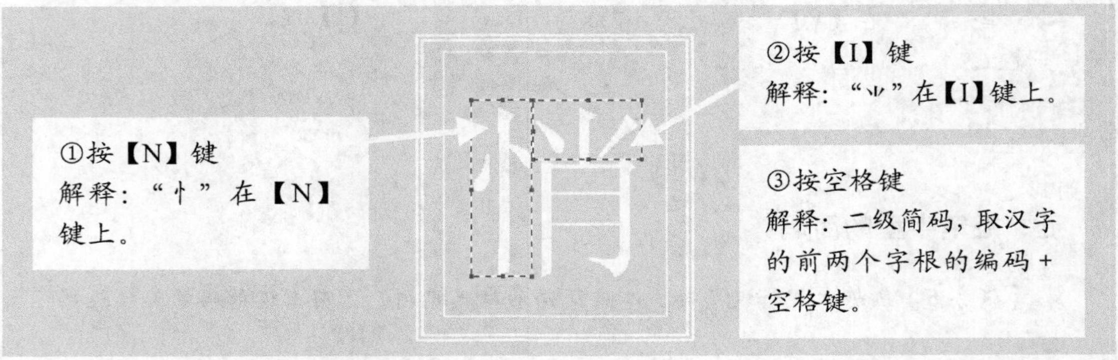

②按【I】键
解释："⺌"在【I】键上。

①按【N】键
解释："忄"在【N】键上。

③按空格键
解释：二级简码，取汉字的前两个字根的编码＋空格键。

图 2-28　"悄"字拆分图解

二级简码的编码可在附录的五笔字型二级简码表中查询。

常用二级简码口诀

1. 春联没空进行列
2. 怪物早晨遇难部长理事高度增强紧张
3. 平原离婚保持孤寂烽烟
4. 年轻职称胆敢（审）检查社会学说提纲

3. 三级简码

三级简码大约有 4400 个，一般不容易记住，只有通过多练习、多使用才能掌握。

　　三级简码的编码规则为：先取汉字的前三个字根的编码，然后再补打空格键，即第一个字根的编码＋第二个字根的编码＋第三个字根的编码＋空格，如"随"、"屠"、"团"、"粮"、"趟"等。

　　例：随

　　"随"由"阝"、"ナ"、"月"、"辶"组成，因为是三级简码，所以取前三个字根的编码＋空格键，其中，"阝"在【B】键上，"ナ"在【D】键上，"月"在【E】键上，编码为"BDE＋空格"，如图 2-29 所示。

①按【B】键
解释："阝"在【B】键上。

②按【D】键
解释："ナ"在【D】键上。

③按【E】键
解释："月"在【E】键上。

④按空格键
解释：三级简码

图 2-29　"随"字拆分图解

六、五笔字型词组的编码规则

> **【任务6】掌握二字词组、三字词组、四字词组及多字词组的编码规则**

在"五笔字型"中，除了可以通过使用简码来提高录入速度外，还可以通过词组的录入来提高录入速度。词组包括：二字词组、三字词组、四字词组和多字词组。

1．二字词组的编码规则

二字词组的编码规则为：分别取二字词组每个字的前两个字根，共四个字根，即"第一个字的第一个字根＋第一个字的第二个字根＋第二个字的第一个字根＋第二个字的第二个字根"。如"注意"、"管理"、"学生"、"调整"、"促进"、"教育"、"活动"、"集体"、"革命"、"信息"、"技术"、"运动"、"健康"、"字根"、"速度"、"录入"、"老师"、"五笔"等词组。

例：注意

"注意"中"注"的第一个字根是"氵"在【I】键上，第二个字根是"、"在【Y】键上，"意"的第一个字根是"立"在【U】键上，第二个字根是"日"在【J】键上，所以编码为"IYUJ"，如图 2-30 所示。

①按【I】键
解释："注"的第一个字根是"氵"在【I】键上。

②按【Y】键
解释："注"的第二个字根是"、"在【Y】键上。

③按【U】键
解释："意"的第一个字根是"立"在【U】键上。

④按【J】键
解释："意"的第二个字根是"日"在【J】键上。

图 2-30　"注意"词组拆分图解

2. 三字词组的编码规则

三字词组的编码规则为：分别取三字词组的前两个字的第一个字根和第三个字的前两个字根，即"第一个字的第一个字根＋第二个字的第一个字根＋第三个字的第一个字根＋第三个字的第二个字根"。如"多样化"、"计算机"、"团支部"、"共青团"等词组。

例："多样化"

"多样化"中"多"的第一个字根是"夕"在【Q】键上，"样"的第一个字根是"木"在【S】键上，"化"的第一个字根"亻"在【W】键上，第二个字根是"匕"在【X】键上，编码为"QSWX"，如图2-31所示。

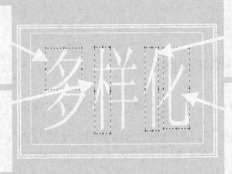

①按【Q】键
解释："多"的第一个字根是"夕"在【Q】键上。

②按【S】键
解释："样"的第一个字根是"木"在【S】键上。

③按【W】键
解释："化"的第一个字根"亻"在【W】键上。

④按【X】键
解释："化"的第二个字根是"匕"在【X】键上。

图 2-31　"多样化"词组拆分图解

3. 四字词组的编码规则

四字词组的编码规则为：分别取每个字的第一个字根，即"第一个字的第一个字根＋第二个字的第一个字根＋第三个字的第一个字根＋第四个字的第一个字根"。如"自觉自愿"、"日日夜夜"等词组。

例：自觉自愿

"自觉自愿"中"自"的第一个字根是"丿"在【T】键上，"觉"的第一个字根是"⺌"在【I】键上，"自"的第一个字根是"丿"在【T】键上，"愿"的第一个字根是"厂"在【D】键上，编码为"TITD"，如图2-32所示。

①按【T】键
解释："自"的第一个字根是"丿"在【T】键上。

②按【I】键
解释："觉"的第一个字根是"⺌"在【I】键上。

③按【T】键
解释："自"的第一个字根是"丿"在【T】键上。

④按【D】键
解释："愿"的第一个字根是"厂"在【D】键上。

图 2-32　"自觉自愿"词组拆分图解

4．多字词组的编码规则

多字词组的编码规则为：分别取第一、二、三、末字的第一个字根，即第一个字的第一个字根＋第二个字的第一个字根＋第三个字的第一个字根＋最后一个字的第一个字根，如"中国科学院""中华人民共和国"等词组。

例：中国科学院

"中国科学院"中的"中"字的第一个字根是"口"在【K】键上，"国"的第一个字根是"口"在【L】键上，"科"的第一个字根是"禾"在【T】键上，"院"的第一个字根是"阝"在【B】键上，编码为"KLTB"，如图2-33所示。

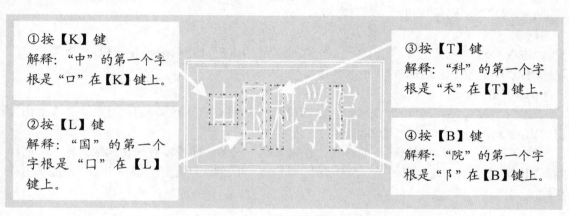

①按【K】键

解释："中"的第一个字根是"口"在【K】键上。

②按【L】键

解释："国"的第一个字根是"口"在【L】键上。

③按【T】键

解释："科"的第一个字根是"禾"在【T】键上。

④按【B】键

解释："院"的第一个字根是"阝"在【B】键上。

图2-33 "中国科学院"词组拆分图解

七、五笔字型中的"容错码"

> **【任务7】了解五笔字型中"容错码"的含义**

"容错码"有两个含义：其一是"容易"搞错的编码，其二是"容许"搞错的编码。这两种编码允许你按错的编，这就是所谓的"容错码"。五笔字型中的"容错码"设计了将近1 000个，包含了"编码容错"和"字形容错"两种。但实际上由于"容错码"打破了编码的唯一性，使人难以辨认正确的编码，是提高打字速度的障碍，所以很多五笔字型软件的编码表中都去掉了"容错码"，只保留正确的、唯一的编码。

1．习惯性"容错码"

习惯性"容错码"指个别汉字因人们的书写习惯，容易造成拆分顺序错误而产生错误编码。

例：长

"长"的正确拆分："丿"、"七"、"丶"，识别码为"I"，全码为"TAYI"，简码为"TA"。

容错拆分1："七"、"丿"、"丶"，容错码："ATYI"；

容错拆分2："丿"、"一"、"乚"、"丶"，容错码："TGNY"；

容错拆分3："一"、"乚"、"丿"、"丶"，容错码："GNTY"。

因此汉字"长"有三种拆分容错编码。

2. 识别性"容错码"

识别性"容错码"是指个别汉字因人们书写的习惯顺序，容易造成的识别码判断错误的现象。

例1：右

"右"：字根："ナ"、"口"，识别码："F"，全码："DKF"（正确编码），简码："DK"；字根："ナ、口"，识别码："D"，全码"DKD"（字型容错），简码："DK"。

例2：连

"连"：字根："车"、"辶"，识别码："K"，全码："LPK"（正确编码）；字根："车"、"辶"，识别码："D"，全码："LPD"（末笔容错）。

例3：占

"占"：字根："上"、"口"，识别码："F"，全码："HKF"（正确编码）；字根："上"、"口"，识别码："D"，全码："HKD"（字型容错）。

例4：击

"击"：字根："二"、"凵"，识别码："K"，全码："FMK"（正确编码）；字根："二"、"凵"，识别码："J"，全码："FMJ"（字型容错）。

综合上述，由于"容错码"的存在，在输入某些汉字时即使没有按正确编码输入，同样能得到该汉字。但必须注意的是："容错码"终究是有限的，只有努力避免出错，才能真正提高技能。

八、【Z】键和重码

➤ 【任务8】掌握【Z】键的使用，了解"重码"和"重码率"的概念

1.【Z】键的使用

五笔字型字根键位只使用了25个字母键，【Z】键上没有任何字根，【Z】键往往被称为"万能学习键"。在对字根键位不太熟悉或对某些汉字的字根拆分困难时，可以通过【Z】键提供帮助，一些未知的编码可以用【Z】键来表示。【Z】键有两个主要的作用：其一代替未知的识别码；其二代替模糊不清或分解不准的字根。例如："赛"不清楚第二个和第三个字根是什么，可以输入"PZZM"，这样会显示出第一个字根在【P】上，最后一个字根在【M】上的所有汉字及其正确的编码，从而可以对一些不好拆分的汉字进行拆分练习。但是由于使用【Z】键提供帮助，一些未知的编码都可以用【Z】键代替，会增加"重码"（下面将介绍）增加选择时间，所以，应该尽早记住基本字根和学会五笔字型编码方法，多做练习，少用或不用【Z】键。

2. 重码和重码率

"重码"是指编码完全相同的字或词。重码共有三种形式，分别为：字字重码、字词重码和词词重码。例如，"枯"由"木"、"古"、"一"组成，编码为"SDG"；"柘"由"木"、"石"、"一"组成，编码为"SDG"。词组中类似的例子也很多，如"分布"由"八"、"刀"、"ナ"、

"冂"组成，编码为"WVDM"；"颁"由"八"、"刀"、"一"、"冂"组成，编码为"WVDM"；"信息"是由"亻"、"言"、"丿"、"目"组成，编码为"WYTH"，"住"由"亻"、"丶"、"丶"、"冬"、"卜"组成，编码为"WYTH"等。选择的方法是：当输入重码字（词）的编码时，重码的字（词）会同时出现在屏幕的"提示行"中，如所要的字（词）在第一个位置上，只要继续往下输入，该字（词）即可自动输入到光标所在的位置上；如果所要的字（词）在第二个位置上，可按字母键上方的数字键【2】，即可将所要的字（词）输入。

"重码率"是指出现重码的频率。"五笔字型"的"重码"本来就很少，加上重码的字（词）在提示行中的位置是按其出现的频率排列的，常用的字（词）总是排在前边，所以，实际需要挑选的机会很少，平均输入 1 万个字（词），才需要选两次，"五笔字型"的"重码率"较其他输入法相比还是很低的。

汉字字型结构的判断

基本字根单独成字，不需要判断它的字型结构，属于"散"的汉字，可以是左右型和上下型结构（1 型或 2 型）；属于"连"与"交"的汉字，一律是杂合型结构（3 型）。

关于字型结构中的上下型结构和杂合型结构，不难发现，若是单笔画与一个字根相连的为杂合型结构，若是两个字根相连的为上下型结构。如"自"是"丿"和"目"相连，是杂合型结构，"正"是"一"与"止"相连为杂合型结构，"于"是"一"和"十"相连，是杂合型结构，"矢"是"𠂉"和"大"相连，是上下型结构，"表"是"龶"和"𧘇"相连是上下型结构，"直"是"十"与"且"相连是上下型结构。

易混淆的字根

在拆字过程中，有些字根总是容易弄混，比如"七"和"匕"，结构就很像。下面就介绍一下这些形状相似、容易混淆的字根。

（1）"七"和"匕"、"夕"和"宀"。这两组字根很相似，拆分时要注意它们的起笔不同，而所在区位与起笔有关。例如"七"起笔是横，所以在 1 区，而"匕"起笔是折，所以在 5 区。再来看"宀"和"夕"，比较好区分，"宀"起笔是点，在 4 区的【P】键位上；而"夕"起笔是撇，第 3 区的【Q】键位上。

（2）"弋"、"戈"、"弋"它们都在同一区，只是位号有所不同，在拆分汉字时要按字根次笔笔画来区分。例如"代"、"伐"、"钱"3 个字中有一个形近字根，分别为"弋"、"戈"、"弋"，"弋"、"戈"次笔都是折，所以在 5 位上，区位号"15"；"弋"次笔为横，所以在 1 位上，区位号"11"。

（3）"晓"、"曳"、"茂"这几个字由于斜钩部分起笔的笔画不同，所以选择字根也不一样。"晓"字的斜钩部分由横、斜钩、撇组成，与字根"戈"很像，但少了一点，不能当"戈"来处理，该部分与"七"很像，按"取大优先"原则，取"七"字根，所以"晓"可以拆分为"日"、"七"、"丿"、"儿"，编码为"JATQ"。"曳"字的斜钩部分由斜钩、撇组成，与"匕"相似，按"取大优先"原则，把它看做是"匕"的变形字根，"曳"拆分为"日"、"匕"，识别码为"E"，编码为"JXE"。"茂"字的斜钩部分也是由斜钩、撇组成，但不能取"匕"作为变体字根，因为这个字的末笔还有一个点，在五笔字型中，规定这类汉字结构的字一般以撇作为末笔，这个字的斜钩部分就变成了斜钩、点、撇，所以不能取"匕"，而取折作为字根，"茂"字拆为"艹"、"厂"、"乙"、"丿"，编码为"ADNT"。这几个字不太好区分，这样的字也不太多，最好的办法是单独记忆一下这几个字的拆分方法。

（4）"勹"和"卩"字根的变形。"敖"字的第二个字根笔画与字根"勹"相似，按"取大优先"原则，取第二个字根为"勹"的变体。这样"敖"字拆分为"圭"、"勹"、"攵"，识别码为"Y"，编码为"GQTY"。类似的字还有"傲"、"遨"等。"予"字上面是字根"マ"，第二个字根与"卩"相似，所以把"予"拆分为"マ"、"卩"，识别码为"J"，编码为"CBJ"，类似的还有"矛"、"预"、"柔"等字。

巧记字根

我们知道，字根的记忆是学习"五笔字型汉字输入法"的基础，只有记住了字根再加上反复练习，才有可能熟练地掌握此输入法，除前面介绍的内容外，字根还有其他分布特点可以帮助记忆。

（1）一个键上的字根其形态与键名相似。例如，"王"字键上有"一"、"五"、"戋"、"圭"、"王"等字根；"日"字键上有"日"、"曰"、"早"、"虫"等字根。

（2）单笔画基本字根的种类和数目与区位编码相对应。例如，"一"、"二"、"三"这3个单笔画字根，分别被安排在1区的第一、二、三位置上；"丨"、"刂"、"川"这3个单笔画字根，分别被安排在2区的第一、二、三位上；"丶"、"冫"、"氵"、"灬"这4个单笔画字根，分别被安排在4区的第一、二、三、四位上等。

（3）多数字根的第二笔与其所在的键位号一致。如1区1位的"王"字的第一笔是横，第二笔还是横；1区2位的"土"字的第一笔是横，第二笔是竖；1区3位的"大"字的第一笔是横，第二笔是撇；1区5位的"七"字的第一笔是横，第二笔是折等。

（4）同一键上的字根在字源或形态上相近。比如【P】键，键名字根是"之"，所以"辶"、"廴"等字根也在这个键上；【W】键，键上的"人"、"八"字根形态相近，所以被安排在同一键上；而【B】键上的"阝"、"卩"很容易让人联想到字母B，所以把它们安排在【B】键上。

 本章应注意的问题：

1. 五笔字型学习的一个难点就是记忆字根，这么多的字根不是短时间内可以记住的，除了时常看一看字根表以外，最重要的记忆字根的方法，就是不断地实践。记忆字根的目的，是能快速地将想要打的汉字输入到计算机中。

2. 想要提高五笔字型录入速度，一定要把一级简码、二级简码中的常用字记住。另外，要养成见字打字，见词组打词组的习惯，时常打一些文章也是比较快的学习五笔字型的方法。学习五笔字型，重在键盘（要对键盘上的字根位置非常熟悉），贵在坚持（遇到难字不退却），功在勤奋（经常练习）。

3．在记忆字根时，一定要举一反三。因为五笔字型把相近的字根放在同一个键位上，只要记住一个，其他的字根也就好记住了，如"广"、"宀"、"疒"、"廿"、"艹"、"壮"、"刂"、"刂"、"刂"、"川"等。

4．"末笔识别码"是本章的难点，只要掌握方法和多加练习就一定能达到运用自如的目的。

模 块 二

提高篇

第 3 章 其他输入法介绍

3.1 全拼汉字输入法

即使熟练掌握了"五笔字型汉字输入法"，还是免不了因为"会读不会写"或"写错"等原因而"卡壳"。尽管通过查字典可以找到答案，但这样花费时间较长，而且很不方便。为了避免出现这种现象，加快整体输入速度，在熟练掌握"五笔字型汉字输入法"的同时，应该再掌握至少一种拼音类输入法。遇到"会读不会写"或"写错"的字时，就改用拼音输入。当然，用"拼音类输入法"仅是权宜之计，最终目的是要搞清楚这些字的五笔字型编码。只有坚持这样做，"会读不会写"或"写错"的字才会不断减少。本章就介绍其他几种常用的汉字输入法。

"全拼汉字输入法"（简称"全拼输入法"），是一种音码输入法。使用"全拼输入法"，既可以输入单个汉字，也可以输入词组。"全拼输入法"不仅支持GB-2312 字符集（我国颁布的汉字编码国家标准《信息交换用汉字编码字符集——基本集》）的汉字输入，而且支持汉字扩展内码规范—GBK（GBK 是又一个汉字编码标准，全称《汉字内码扩展规范》）中规定的全部汉字，它的字、词库量是所有输入法中最大的。"全拼输入法"简单易学，只要有汉语拼音基础就可以了。

一、输入单个汉字

➢ 【任务 1】掌握单字的编码规则

如果输入单字，需要输入该字拼音的全部字母（声母＋韵母）。如要输入"博弈"的

"博"字，那么就输入"bo"，提示条旁的汉字列表中出现了拼音是"bo"的汉字，如图3-1所示。

图3-1 输入"bo"

这时按"博"字前的数字键【5】，"博"字就被输入到文档中了。只要汉字拼音拼读正确，输入汉字就不成问题。每输入一个拼音，字词选择窗口通常显示出9个同音字，可以通过以下几组键盘按键来翻页：【PgUp】键和【PgDn】键、【-】键和【=】键，也可以通过鼠标来翻页。选字后，拼音及字词选择窗口全部消失。如果想节省时间，提高输入速度，最好的方法是词组部分尽量按照词组输入，词组越长，输入越简单。下面就来介绍词组的输入方法。

二、输入两字词组

➢ 【任务2】掌握两字词组的编码规则

两字词组的编码规则为：先输入词组第一个字的"声母＋韵母"，再输入第二个字的"声母＋韵母"，这时，提示条旁边会出现一个词组选择列表。注意第一个字的韵母不可以省略，但是为了提高输入速度，第二个字的韵母可以省略。如要输入"信息"这个词组，可以连续输入拼音编码"xinxi"或"xinx"，如图3-2所示。

图3-2 输入词组

因为"信息"排在词组选择列表的第一位，所以可以直接按空格键输入"信息"，也可以按数字键【1】输入这个词。

三、多字词组编码规则

➢ 【任务3】掌握多字词组的编码规则

"全拼输入法"虽然简单，但是当词组较长或词组的第一个字拼音较长时，使用起来就较为烦琐。如要输入"中华人民共和国"七个字，"中"的拼音必须全部输入完才能输入"华"

的声母，如图 3-3 所示。

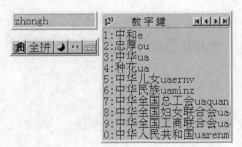

图 3-3 输入多字词组

至少要输入六个编码才可以输入该词，和"五笔字型输入法"的四个编码比起来显然多了两个编码，再加上"全拼输入法"词组量较少，因此，如果对输入速度有更高的要求，该输入法是完全不能够满足需要的。那么，还有没有更快的其他拼音类输入法呢？在下一节中，将介绍"智能 ABC 输入法"。

四、输入偏旁部首

> 【任务 4】了解偏旁部首的输入方法

在录入一篇文章时，如果其中出现一些汉字的偏旁部首，如"忄"、"灬"等，如何输入它们呢？打开"全拼输入法"，输入"pianpang"（偏旁），然后从中选择所需的偏旁部首，如图 3-4 所示。

图 3-4 输入偏旁部首

五、通过全拼输入法查询汉字的五笔字型编码

> 【任务 5】了解查找五笔字型编码的方法

"五笔字型输入法"是通过把汉字拆分为字根来输入汉字的，在只知道某个汉字的读音，不知道五笔字型如何拆分的情况下，可以通过"全拼输入法"来查询五笔字型编码。

切换到"全拼输入法"，右键单击输入法状态条，再单击"设置"选项，系统弹出"已安装服务中的—中文（简体）—全拼"对话框，单击"属性"调出输入法设置对话框，在编码查询框内选中"86 版五笔字型"后，单击"确定"按钮。

小知识

教你一招

在输入汉字的时候，有时不小心发生了某种误操作，导致任务栏上的输入法提示图标不见了，如果再选用其他输入方法时，会很不方便，输入法切换后也不知道是处于何种输入状态。那么出现这种情况后，应该采取什么样的方法来消除这种现象呢？

可以按照以下的操作步骤来消除这种现象。

在"任务栏"上单击鼠标右键，弹出快捷菜单，把鼠标移动到"工具栏"上，会弹出子菜单，看看其中的"语言栏"有没有被选中。如果没有选中，单击选中"语言栏"，一般会显示输入法图标。此时选择输入方法，会在任务栏上显示输入法提示图标。

3.2 智能 ABC 输入法

"智能 ABC 输入法"（又称"标准输入法"）是由北京大学的朱守涛先生发明的。它快速灵活、简单易学，类似于"全拼输入法"又不同于"全拼输入法"。在"智能 ABC 输入法"中有两种输入方式，分别是"标准"方式和"双打"方式。"智能 ABC 输入法"对于字、词的输入有多种方式，就像一个工具箱，里面有多种工具可供自由选择，这样既可以充分利用计算机的智能，又能够最大限度地发挥人的主观能动性。从这个意义上讲，"智能 ABC 输入法"提供了展示才能、创造适合自己最佳输入方式的舞台。

一、不完全拼音输入的功能

➤ 【任务1】了解智能 ABC 输入法

在"智能 ABC 输入法"中，虽然词组输入能够较好地解决同音字过多的弊病，但击键次数仍然较多，影响了输入速度。"智能 ABC 输入法"允许在词组输入时部分或全部省略字的韵母，如输入"计算机"，可输入"jisji"或"jsj"，然后按空格键，屏幕就会显示"计算机"。

由于击键次数减少，所以同音字词增多，也就是重码率相对提高，直接带来的不便就是选词范围大、时间长，从而降低了录入速度。为了解决这个问题，"智能 ABC 输入法"提供了"自动调整词序"的功能，也就是可以将常用词组自动地调整到词组选择列表前面，以缩短寻找词组所需要的时间。

二、利用自动造词功能

➤ 【任务2】学会用智能 ABC 输入法造词

在"智能 ABC 输入法"系统中，虽然有大量常用的词组，但并不包括所有的词组。如果按词组输入拼音后，并没有出现相应的词组，这时可利用系统的自动造词功能来解决这一问题。

在输入法工具栏上单击鼠标右键，选择"定义新词"，会弹出"定义新词"对话框。如需要定义词库中没有"博弈图文设计中心"一词，即在"新词"文本框中填入"博弈图文设计中心"，然后在"外码"文本框中填入任意外码如"bb"，按下"添加"按钮即可完成，如图3-5、图 3-6 所示。输入法规定要想输入新词，则应当以"u"字母打头。如键入"ubb"，按空格键，即可得到刚刚定义的"博弈图文设计中心"。可以试一试把自己的名字造成词组，以后输入自己的名字就方便多了。

图 3-5　"定义新词"操作

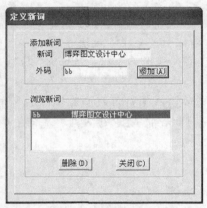

图 3-6　"定义新词"对话框

三、几个特殊问题的处理

➢ 【任务3】学会用智能 ABC 输入法处理特殊问题

1. 解决不能确定不同字的拼音间隔位置问题

例如，"西安"这个地名，若输入"xian"，系统不能断定是"西安"还是"现"。为了表现这是两个字，输入时要加以说明，即用"'"作间隔符，如输入"xi'an"，系统就会显示出"西安"一词。

2. 解决"ü"的使用问题

例如：输入"律"字的拼音应该是"lü"，但"ü"在键盘上没有对应的键，所以，要输入"律"字必须输入"lv"。同样，输入"女"字要输入"nv"。但是当"ü"后面有其他韵母时，"ü"就要用"u"来表示，如"全"字要输入"quan"。

3．在中文输入过程中轻松输入英文

在输入含有英文的中文句子时，不必切换到英文方式，可以借助字母"v"来解决这个问题。在用"智能 ABC 输入法"输入拼音的过程中，键入"v＋英文"，按空格键即可输入英文，而"v"不会显示出来。如输入"vGood"，就会得到"Good"，如图 3-7 所示。

vGood →Good

图 3-7　轻松输入英文

4．中文数量词的简化输入

"智能 ABC 输入法"不仅提供了阿拉伯数字与中文大小写数字的转换功能，同时对一些常用量词的输入也作了简化。

◉ 字母"i"为输入小写中文数字的前导字符，"I"为输入大写中文数字的前导字符。例如：输入"i3"，则代表输入"三"；输入"I3"，则代表输入"叁"，如图 3-8 所示。

i3 →三　　　I3 →叁

图 3-8　输入中文数量词

◉ 如果输入"I"或"i"后直接加中文标点符号，则结果就转换为中文大小写数字加该标点。

例如，输入"i3\"，则代表输入"三、"；输入"I3\"，则代表输入"叁、"。

5．"V"＋数字键的特殊含义

如果要输入 GB-2312 字符集的各种字符，只需在"智能 ABC 输入法"下键入字母"V＋数字"，就可以找到相应的字符了，如表 3-1 所示。

表 3-1　　　　　　　　　　特殊含义字符输入

【V】＋【1】:	标点符号和数学符号
【V】＋【2】:	数字序号
【V】＋【3】:	英文字母的大小写和一些标点符号
【V】＋【4】:	日文平假名
【V】＋【5】:	日文片假名
【V】＋【6】:	希腊字母和一些符号
【V】＋【7】:	俄文字母
【V】＋【8】:	拼音和一些日文
【V】＋【9】:	制表符

6．使用"双打"提高输入速度

如果对输入速度有更高的要求，"智能 ABC 输入法"还提供了一种快速的"双打"输入方式。当你使用"智能 ABC 输入法"时，单击输入法面板上的"标准"，就变成"双打"了。

在"双打"输入方式下输入一个汉字，只需要击键两次，奇次为声母，偶次为韵母。"双打"输入方式中的声母和韵母的定义如表 3-2、表 3-3 所示，从表中可以看出其编码规则并不复杂，只要记住各个键的含义就可以了。例如，要输入"中"，这个字的拼音是"zhong"，但只要输入"as"，就可以找到"中"，其中"a"定义声母"zh"，"s"定义韵母"ong"。

> 在"双打"输入方式中，由于字母"v"替代声母"sh（诗）"，所以不能使用"v + 区号"的方式来输入 GB-2312 字符集的各种字符了。

表 3-2　　　　　　　　　　　　　　声母定义表

键　位	E	V	A	O（'）
声　母	ch	sh	zh	O 声母

表 3-3　　　　　　　　　　　　　　韵母定义表

键位	Q	W	E	R	T	Y	U	I	O	P
声母	ei	ian	e	iu er	uang iang	ing	u		uo	uan üan
键位		A	S	D	F	G	H	J	K	L
声母		a	ong iong	ua ia	en	eng	ang	an	ao	ai
键位			Z	X	C	V(ü)	B	N	M	
声母			iao	ie	in uai		ou	un (ün)	üe(ue) ui	

7. 使用"笔形与音形"相结合的方法提高输入速度

在"智能 ABC 输入法"中，除提供了"音形"方法输入汉字以外，还可以使用"音形与笔形"相结合的方法进行文字输入。"智能 ABC 输入法"按照基本的笔画形状，将笔画分为 8 类，如表 3-4 所示。

表 3-4　　　　　　　　　　　　　　笔画分类表

笔形代码	笔形	笔形名称	实　例	注　解
1	一（⺄）	横（提）	二、要、厂、政	"提"也算作"横"
2	丨	竖	少、同、师、党	
3	丿	撇	但、箱、斤、月	
4	丶（乀）	点（捺）	冗、忙、定、木	"捺"也算作"点"
5	㇆（乛）	折（竖弯勾）	对、队、刀、弹	
6	ㄥ	弯曲	匕、妈、线、以	逆时针方向弯曲，多折笔画，以尾折为准，如"乙"
7	十（乂）	叉	黄、希、档、地	交叉笔画只限于正叉
8	口	方框	困、跃、是、吃	四边整齐的方框

单字的编码规则为："音形＋笔形"。其中，音形为"声母＋韵母"（韵母可以省略）。按照笔画顺序，最多取 6 种笔形，另有笔形"＋"和"囗"的结构，按笔形代码 7 或 8 取码。例如，汉字"图"的输入，其中音形为"tu"（或"t"），笔形为"囗"＋"丿"＋"フ"＋"丶"＋"丶"，因此输入"tu83544"（或"t83544"）就可以得到汉字"图"。

词组的编码规则为：（拼音＋笔形描述）＋（拼音＋笔形描述）＋……＋（拼音＋笔形描述）。其中，"拼音"可以是全拼、简拼或混拼，通过音形混合输入可以极大地降低重码率。对于多音节词的输入，"拼音"一项是不可少的，"笔形描述"项则可有可无。

快速打开常用的输入法

在中文 Windows 下可以很方便地通过【Ctrl】＋【空格】组合键来实现中文和英文输入状态的切换，其实这只是一个系统预先定义好的热键，可以通过自己定义常用的输入法对应的热键来达到快速打开它们的目的。例如可以在计算机上定义"全拼输入法"的热键为【Alt】＋【Shift】＋【1】、"智能 ABC 输入法"的热键为【Alt】＋【Shift】＋【2】、"五笔字型输入法"的热键为【Alt】＋【Shift】＋【5】、"搜狗拼音输入法"（下面将介绍）的热键为【Alt】＋【Shift】＋【6】等。具体的操作方法如下：右键单击语言提示栏→"设置"→"键设置"→选择要设置的输入法→"更改按键顺序"→"确定"。一般情况下使用五笔字型输入汉字，一旦遇到用五笔字型打不出来的生僻汉字，可以直接按下【Alt】＋【Shift】＋【1】组合键，切换到"全拼输入法"进行输入。这样既输入了汉字，又查到了它的五笔编码（前面已经介绍过通过"全拼输入法"查询汉字的五笔编码的方法了），非常方便。利用此方法可以随时打开相应的输入法，如利用鼠标来选择，可能当一个窗口最大化以后，该输入法就找不到了。另外，在计算机上也不要保留不常使用的输入法，如"郑码输入法"、"区位码输入法"等，这样有利于提高 Windows 的运行速度，也更利于快速地找到、打开相应的输入法。一般来说，保留"五笔字型汉字输入法"、"全拼输入法"、"智能 ABC 输入法"和"搜狗拼音输入法"等输入法就可以了。

3.3 搜狗拼音输入法

"搜狗拼音输入法"是（简称"搜狗输入法"、"搜狗拼音"）2006 年 6 月由搜狐公司推出的一款汉字拼音输入法软件。这一软件免费提供用户下载和使用，目前是国内主流的拼音输入法软件之一。

一、搜狗输入法入门

➢ 【任务 1】怎样进行翻页选字

"搜狗拼音输入法"默认的翻页键是"【,】"、"【.】"，即输入拼音后，按"【,】"向上翻页选字，相当于【Pg Up】键的功能；按"【.】"向下翻页选字，相当于【Pg Dn】键的功能；找到所选的字后，按其相对应的数字键就可以了。之所以选用这两个键翻页，因为用

"【，】"，"【．】"时手不用移开键盘主操作区，这样效率最高，也不容易出错。

输入法默认的翻页键还有"【-】"、"【=】"、"【[】"、"【]】"等，用户可以通过"设置属性"→"按键"→"翻页键"来进行设定。

> 【任务2】怎样使用简拼

"搜狗拼音输入法"支持的是声母简拼和声母的首字母简拼。例如，想输入"张靓颖"，只要输入"zhly"或者"zly"就可以，请注意，这里的声母其首字母简拼的作用和模糊音中的"z"，"c"，"s"相同，但是，即使没有选择设置里的模糊音，同样可以用"zly"输入"张靓颖"。同时，搜狗输入法支持简拼全拼的混合输入，如想输入"输入法"，则输入"srf"、"sruf"、"shrfa"等都是可以得到"输入法"三个字的。

有效地使用声母的首字母简拼可以提高输入效率，减少误打。例如，输入"转瞬即逝"这几个字，如果输入传统的声母简拼，只能输入"zhshjsh"，需要输入的字符多而且多个"h"容易造成误打，如果输入声母的首字母简拼，"zsjs"能很快得到你想要的词。

> 【任务3】怎样实现中英文切换

输入法默认的是按下【Shift】键就可以从中文输入状态切换到英文输入状态，再按一下【Shift】键就会返回到中文输入状态，用鼠标单击状态栏上面的中字图标也可以切换。

除了【Shift】键切换以外，"搜狗拼音输入法"也支持回车输入英文和V模式输入英文的方法。这样，在输入较短的英文时使用能省去切换到不同状态下的麻烦。具体使用方法如下。

回车输入英文：输入英文，直接敲回车即可。

V模式输入英文：先输入"V"，然后再输入你要输入的英文，可以包含"@"、"+"、"*"、"/"、"-"等符号，然后按空格键即可。

二、输入法设置

> 【任务4】怎样修改候选词的个数

5个候选词，如图3-9所示。

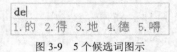

图3-9　5个候选词图示

9个候选词，如图3-10所示。

图3-10　9个候选词图示

可以通过在状态栏上面右击菜单里的"设置属性"→"外观"→"候选词个数"来修改，可选范围是3～9个。

一般输入法默认的是5个候选词，搜狗的首词命中率和传统的输入法相比已经提高了很多，一般情况下第一页的 5 个候选词能够满足绝大多数时的输入需求。推荐选用默认的 5 个候选词，如果候选词太多会造成查找时的困难，导致输入效率下降。

> 【任务5】怎样修改外观

普通窗口，如图 3-11 所示。

图 3-11 普通窗口图示

特大窗口，如图 3-12 所示。

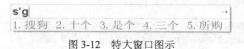

图 3-12 特大窗口图示

标准状态条，如图 3-13 所示。

图 3-13 标准状态条图示

Mini 状态条，如图 3-14 所示。

图 3-14 Mini 状态条图示

目前"搜狗拼音输入法"支持的外观修改包括输入框的大小、状态栏的大小两种。用户可以通过在状态栏右键单击菜单里的"设置属性"→"显示设置"来修改。

> 【任务6】怎样使用自定义短语

自定义短语是通过特定字符串来输入定义好的文本的，自定义短语在设置选项的"高级"选项卡中，默认开启，单击"自定义短语设置"即可。其界面如图 3-15 所示。

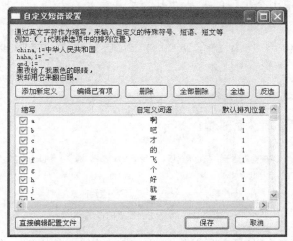

图 3-15 "自定义短语设置"对话框

可以进行添加、删除、修改自定义短语，设置自己常用的自定义短语可以提高输入效率，例如使用"yx,1=wangshi@sogou.com"以后，再输入"yx"，然后按下空格就相当于输入了"wangshi@sogou.com"。使用"sfz,1=130123456789"，输入了"sfz"，然后按下空格就可以输入"130123456789"了。

经过改进后的自定义短语支持多行、空格以及指定位置等功能。

> **【任务7】怎样设置固定首字**

"搜狗拼音输入法"是用自定义短语的功能来实现固定首字的，可以通过上面的自定义短语功能来进行修改，操作方法如下：

双击选项，进入到编辑界面，如图3-16所示。

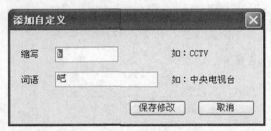

图3-16 "添加自定义"对话框

如果输入"b"时，第1个出现的是"吧"，可以改成"不"，然后单击保存修改，如图3-17所示。

图3-17 修改固定首字

之后再输入"b"第1个出现的就是"不"了。

目前的22个固定首字母的高频字为：

a=啊 b=吧 c=才 d=的 f=飞 g=个 h=好 j=就 k=看 l=了 m=吗 n=你 o=哦 p=平 q=去 r=人 s=是 t=他 w=我 x=想 y=一 z=在

> **【任务8】"快捷键"选项卡**

改变处于焦点的候选项，如图3-18所示。

图3-18 改变处于焦点的候选项

改变当前处于焦点的候选项，适用于以词定字的功能，使用第一个候选项时可以使用以词定字功能。

默认的焦点词，当按下空格时，则输出"累累"，如图 3-19 所示。

图 3-19　默认焦点词输出"累累"

改变焦点后的词，按下空格，则输出"磊磊"，如图 3-20 所示。

图 3-20　改变焦点词输出"磊磊"

删除用户自造词，如图 3-21 所示。

图 3-21　删除用户自造词

如果在输入时输入了造错的词，可以通过相应的快捷键逐个删除掉。请注意只能删除自造词，而不能删除系统中已经有的词。

软键盘与系统菜单快捷键，如图 3-22 所示。

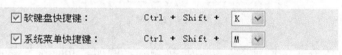

图 3-22　软键盘与系统菜单快捷键

可以通过上面的选项来选择特定的快捷键，也可以关闭快捷键。

➢ 【任务 9】词库设置

开启"动态词频"后，输入法就会记录用户的自造词，并且词序会根据使用情况进行变动，经常输入的字、词会靠前。关上此选项，词频就不会调整词序，并且不记录用户自造词。如果没有特殊要求，建议此选项勾选打开，如图 3-23 所示。

打开"词库更新"后，输入法就能够在线更新词库了，如图 3-24 所示。频率大概在一周 1～2 次左右，网络上的新词就能自动更新到词库中，使得词库与网络保持同步，"搜狗拼音输入法"是所有输入法中第一个拥有词库在线更新功能的。

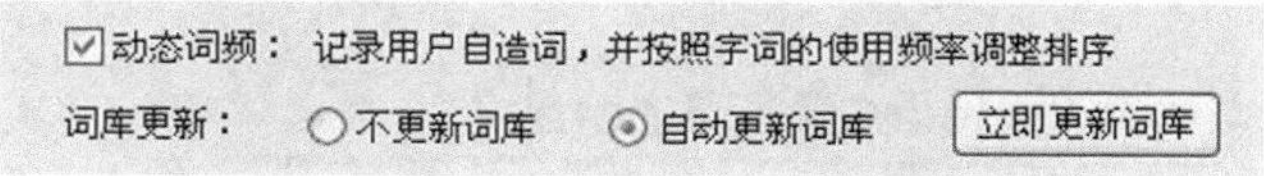

图 3-23　词库设置

词库管理
用户词库备份
备份当前用户词库，将输入过的词保存在文件中
用户词库恢复
从备份文件中恢复用户词库
注意：该操作会覆盖当前使用的用户词库
用户词导入
导入用户自定义的词语信息
格式为每行一个词语，可以选择加入正确拼音，其中拼音与词语之间用空格分隔，如：
'qi'da'nei 齐达内
'huang'jian'xiang 黄健翔
或者：
齐达内
黄健翔
删除用户词库
删除用户自造词，词频调整为输入法安装时的初始状态

图 3-24　词库管理

通过词库管理中的选项可以备份、还原、删除用户词库。

➢ 【任务 10】怎样方便地输入网址

在输入网址时有多种方便的模式，在中文输入状态下就可以输入几乎所有的网址。目前的规则有：输入以“www. ”、“http: ”、“ftp: ”、“telnet: ”、“mailto:”等开头的内容时，输入法会自动识别并进入到英文输入状态，然后可以输入例如“www.sogou.com”、“ftp://sogou.com”等类型的网址，如图 3-25 所示。

www.sogou.com
http://www.sogou.com

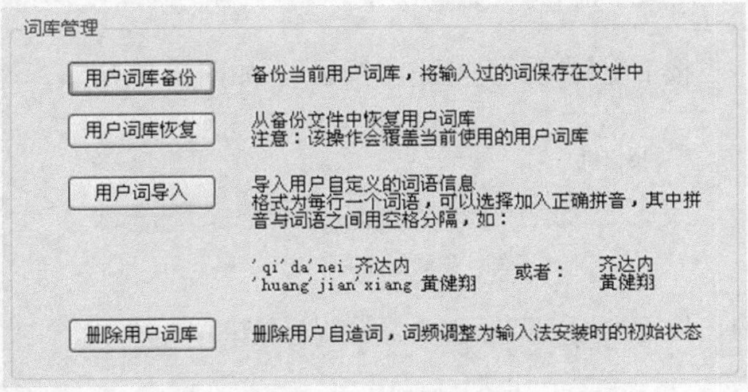

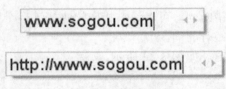

图 3-25　输入网址

输入非 www.等开头的网址时，可以直接输入，例如“abc.abc”就可以了，如图 3-26 所示。

abc.abc
abc.com/index.htm

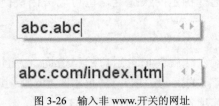

图 3-26　输入非 www.开关的网址

输入邮箱时，可以输入前缀不含数字的邮箱，例如“leilei@sogou.com”，如图 3-27 所示。

leilei@sogou.com
leilei@163.com

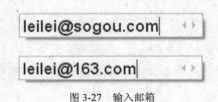

图 3-27　输入邮箱

小知识

以音编码

以音编码的输入法有很多，它们都是以"中华人民共和国文字改革委员会"公布的汉语拼音为基础的，易学易操作。对于会说普通话或掌握了音码输入法的人来说，基本上可以做到学习一个星期就可以达到一分钟输入十几个字的水平。普通话说得不标准或没有学过汉语拼音的人也可以先学习这种输入方案。一般情况下，学上一两个星期以后，拼音输入的正确率就能达到百分之九十以上，容易混淆的音很少，如"z"与"zh"，"s"与"sh"，"c"与"ch"，"en"与"eng"，"in"与"ing"等。只要经常查阅《新华字典》，把自己易拼错的疑难字记下来，放在手头备查，不断体会准确发音，用不了多长时间，大部分拼音上的难点都可以得到解决。

以音编码的汉字输入法比较容易学，但有一个同音字问题，从提示行的许多同音字中挑出所需要的字就会打断思路，输入过程不连贯，输入速度也快不起来，长时间在计算机上进行录入会让人感到厌烦。为解决从同音字中选字的问题，出现了"双拼双音"方案，就是以词定字，解决了从同音字中选字的麻烦。例如，输入"ren"，提示行显示出"1 人"、"2 任"、"3 认"、"4 忍"、"5 仁"等17个同音字，不是唯一的一个"人"字。但是，如果输入"renmin"（人民）这个词组，就不会出现同音的问题了，也就是说用"人民"这个词组把"ren"这个音确定为"人"字，而不是"任"、"认"、"忍"、"仁"等字。同理，也可以用"renkou"（人口）、"renyuan"（人员）等词组输入"人"字。把"renmin"（人民）这个词组输入到计算机以后，定出了一个"人"字并显示在屏幕上，同时计算机中还隐含着一个"民"字。如果下面正需要这个"民"字，只要再敲一下空格键，"民"字就显示在"人"字的后面，如果不要"民"字，接着输入其他内容就可以了。

除了用"双音"中的第2个音定出第1个字的方法以外，为了提高定字的覆盖面，还出现了其他多种定字方法，这里不再一一介绍。

 本章应注意的问题：

1. 全拼输入法应注意的问题

⬤ 每输入一个拼音，字词选择窗口一般显示 9 个同音字，可以通过以下几组键盘按键来翻页：【PgUp】键和【PgDn】键、【-】键和【=】键，也可以通过鼠标来翻页。选字后，拼音及字词选择窗口全部消失。输入过程中如果发现输入有错，可以用【Esc】键取消输入的编码，或者用【Backspace】键删除输入错误的编码。

2. 智能 ABC 输入法应注意的问题

⬤ 确定不同字的拼音使用间隔符"'"。

⬤ 拼音中的韵母如果只有"ü"，则用"v"来表示；但当"ü"后有其他韵母时，"ü"就要用"u"来表示。

3．搜狗拼音输入法应注意的问题

● "搜狗拼音输入法"默认的翻页键是"【，】【．】"。

● 默认是按一下【Shift】键就切换到英文输入状态，再按一下【Shift】键就会返回中文状态。

模 块 三

练习篇

第4章 综 合 练 习

4.1 英文练习

一、指法练习

练习一 【A】【S】【D】【F】【J】【K】【L】【;】键的练习

1. asdf; lkj   asdf; lkj   asdf; lkj   asdf; lkj   asdf; lkj   asdf; lkj
   asdf; lkj   asdf; lkj   asdf; lkj   asdf; lkj   asdf; lkj   asdf; lkj

2. dkdk; fjfj;   dkdk; fjfj;   dkdk; fjfj;   dkdk; fjfj;
   dkdk; fjfj;   dkdk; fjfj;   dkdk; fjfj;   dkdk; fjfj;
   dkdk; fjfj;   dkdk; fjfj;   dkdk; fjfj;   dkdk; fjfj;

3. a; a; slsl   a; a; slsl   a; a; slsl   a; a; slsl   a; a; slsl   a; a; slsl
   a; a; slsl   a; a; slsl   a; a; slsl   a; a; slsl   a; a; slsl   a; a; slsl

4. as; las; l   as; las; l   as; las; l   as; las; l   as; las; l   as; las; l
   as; las; l   as; las; l   as; las; l   as; las; l   as; las; l

5. aksj   aksj   aksj   aksj   aksj   aksj   aksj   aksj
   aksj   aksj   aksj   aksj   aksj   aksj   aksj   aksj

6. dlf;   dlf;   dlf;   dlf;   dlf;   dlf;   dlf;   dlf;
   dlf;   dlf;   dlf;   dlf;   dlf;   dlf;   dlf;   dlf;
   dlf;   dlf;   dlf;   dlf;   dlf;   dlf;   dlf;   dlf;

7. djla   djla   djla   djla   djla   djla   djla

djla　　djla　　djla　　djla　　djla　　djla　　djla

djla　　djla　　djla　　djla　　djla　　djla　　djla

8. sfk;　　sfk;　　sfk;　　sfk;　　sfk;　　sfk;　　sfk;　　sfk;

sfk;　　sfk;　　sfk;　　sfk;　　sfk;　　sfk;　　sfk;　　sfk;

sfk;　　sfk;　　sfk;　　sfk;　　sfk;　　sfk;　　sfk;　　sfk;

9. dalj　　dalj　　dalj　　dalj　　dalj　　dalj　　dalj　　dalj

dalj　　dalj　　dalj　　dalj　　dalj　　dalj　　dalj　　dalj

dalj　　dalj　　dalj　　dalj　　dalj　　dalj　　dalj

10. fsk;　　fsk;　　fsk;　　fsk;　　fsk;　　fsk;　　fsk;　　fsk;

fsk;　　fsk;　　fsk;　　fsk;　　fsk;　　fsk;　　fsk;　　fsk;

fsk;　　fsk;　　fsk;　　fsk;　　fsk;　　fsk;　　fsk;　　fsk;

11. af j;　　af j;　　af j;　　af j;　　af j;　　af j;　　af j;　　af j;

af j;　　af j;　　af j;　　af j;　　af j;　　af j;　　af j;　　af j;

af j;　　af j;　　af j;　　af j;　　af j;　　af j;　　af j;　　af j;

12. dslk　　dslk　　dslk　　dslk　　dslk　　dslk　　dslk

dslk　　dslk　　dslk　　dslk　　dslk　　dslk　　dslk

dslk　　dslk　　dslk　　dslk　　dslk　　dslk　　dslk

13. asla　　asla　　asla　　asla　　asla　　asla　　asla　　asla

asla　　asla　　asla　　asla　　asla　　asla　　asla　　asla

asla　　asla　　asla　　asla　　asla　　asla

14. ask dad　　ask dad　　ask dad　　ask dad　　ask dad　　ask dad

ask dad　　ask dad　　ask dad　　ask dad　　ask dad　　ask dad

15. sad lad　　sad lad　　sad lad　　sad lad　　sad lad　　sad lad

sad lad　　sad lad　　sad lad　　sad lad　　lad sad　　sad lad

16. all fad　　all fad　　all fad　　all fad　　all fad　　all fad

all fad　　all fad　　all fad　　all fad　　all fad　　all fad

17. lass fall　　lass fall　　lass fall　　lass fall　　lass fall　　lass fall

lass fall　　lass fall　　lass fall　　lass fall　　lass fall　　lass fall

18. salad flask　　salad flask　　salad flask　　salad flask　　salad flask

salad flask　　salad flask　　salad flask　　salad flask　　salad flask

19. a ladf;　　a ladf;　　a ladf;　　a ladf;　　a ladf;　　a ladf;

a ladf;　　a ladf;　　a ladf;　　a ladf;　　a ladf;　　a ladf;

20. las; a　　las; a　　las; a　　las; a　　las; a　　las; a

las; a　　las; a　　las; a　　las; a　　las; a　　las; a

21. dad asks　　dad asks　　dad asks　　dad asks　　dad asks　　dad asks

dad asks　　dad asks　　dad asks　　dad asks　　dad asks　　dad asks

22. lass adds　　lass adds　　lass adds　　lass adds　　lass adds　　lass adds

lass adds　　lass adds　　lass adds　　lass adds　　lass adds　　lass adds

23. flasdak fallsa　　flasdak fallsa　　flasdak fallsa　　flasdak fallsa

flasdak fallsa　　flasdak fallsa　　flasdak fallsa　　flasdak fallsa

练习二　【G】【H】键的练习

1. gggg hhhh　　gggg hhhh　　gggg hhhh　　gggg hhhh　　gggg hhhh
gggg hhhh　　gggg hhhh　　gggg hhhh　　gggg hhhh　　gggg hhhh

2. ghgh　　ghgh　　ghgh　　ghgh　　ghgh　　ghgh　　ghgh　　ghgh
ghgh　　ghgh　　ghgh　　ghgh　　ghgh　　ghgh　　ghgh　　ghgh

3. haga　　haga　　haga　　haga　　haga　　haga　　haga
haga　　haga　　haga　　haga　　haga　　haga　　haga

4. shsg　　shsg　　shsg　　shsg　　shsg　　shsg　　shsg　　shsg
shsg　　shsg　　shsg　　shsg　　shsg　　shsg　　shsg　　shsg

5. dhdg　　dhdg　　dhdg　　dhdg　　dhdg　　dhdg　　dhdg
dhdg　　dhdg　　dhdg　　dhdg　　dhdg　　dhdg　　dhdg

6. hfgf　　hfgf　　hfgf　　hfgf　　hfgf　　hfgf　　hfgf　　hfgf
hfgf　　hfgf　　hfgf　　hfgf　　hfgf　　hfgf　　hfgf　　hfgf

7. gjhj　　gjhj　　gjhj　　gjhj　　gjhj　　gjhj　　gjhj　　gjhj
gjhj　　gjhj　　gjhj　　gjhj　　gjhj　　gjhj　　gjhj　　gjhj

8. gkhk　　gkhk　　gkhk　　gkhk　　gkhk　　gkhk　　gkhk　　gkhk
gkhk　　gkhk　　gkhk　　gkhk　　gkhk　　gkhk　　gkhk　　gkhk

9. lghg　　lghg　　lghg　　lghg　　lghg　　lghg　　lghg　　lghg
lghg　　lghg　　lghg　　lghg　　lghg　　lghg　　lghg

10. gah;　gah;　　gah;　gah;　　gah;　gah;　　gah;　gah;　　gah;　gah;
gah;　gah;　　gah;　gah;　　gah;　gah;　　gah;　gah;　　gah;　gah;

11. shgl　　shgl　　shgl　　shgl　　shgl　　shgl　　shgl　　shgl　　shgl　　shgl
shgl　　shgl　　shgl　　shgl　　shgl　　shgl　　shgl　　shgl　　shgl　　shgl

12. dhgj fhg;　　dhgj fhg;　　dhgj fhg;　　dhgj fhg;　　dhgj fhg;　　dhgj fhg;
dhgj fhg;　　dhgj fhg;　　dhgj fhg;　　dhgj fhg;　　dhgj fhg;

13. gas had　　gas had　　gas had　　gas had　　gas had　　gas had
gas had　　gas had　　gas had　　gas had　　gas had　　gas had

14. gala saga　　gala saga　　gala saga　　gala saga　　gala saga　　gala saga
gala saga　　gala saga　　gala saga　　gala saga　　gala saga

15. hall gall　　hall gall　　hall gall　　hall gall　　hall gall　　hall gall
hall gall　　hall gall　　hall gall　　hall gall　　hall gall　　hall gall

16. half lakh　　half lakh　　half lakh　　half lakh　　half lakh　　half lakh
half lakh　　half lakh　　half lakh　　half lakh　　half lakh　　half lakh

17. hasf hadl　　hasf hadl　　hasf hadl　　hasf hadl　　hasf hadl　　hasf hadl
hasf hadl　　hasf hadl　　hasf hadl　　hasf hadl　　hasf hadl

18. hall; a　　hall; a　　hall; a　　hall; a　　hall; a　　hall; a
hall; a　　hall; a　　hall; a　　hall; a　　hall; a　　hall; a

19. gass hall;　　gass hall;　　gass hall;　　gass hall;　　gass hall;
　　gass hall;　　gass hall;　　gass hall;　　gass hall;　　gass hall;

20. a hag;　　a hag;　　a hag;　　a hag;　　a hag;　　a hag;
　　a hag;　　a hag;　　a hag;　　a hag;　　a hag;　　a hag;

21. a lags; a hasg;　　a lags; a hasg;　　a lags; a hasg;　　a lags; a hasg;
　　a lags; a hasg;　　a lags; a hasg;　　a lags; a hasg;

22. a half;　　a half;　　a half;　　a half;　　a half;　　a half;
　　a half;　　a half;　　a half;　　a half;　　a half;　　a half;

23. half flask;　　half flask;　　half flask;　　half flask;
　　half flask;　　half flask;　　half flask;　　half flask;
　　half flask;　　half flask;　　half flask;　　half flask;

24. a gas hall;　　a gas hall;　　a gas hall;　　a gas hall;　　a gas hall;
　　a gas hall;　　a gas hall;　　a gas hall;　　a gas hall;　　a gas hall;

练习三　【R】【T】【Y】【U】键的练习

1. rrrr uuuu　　rrrr uuuu　　rrrr uuuu　　rrrr uuuu　　rrrr uuuu　　rrrr uuuu
　　rrrr uuuu　　rrrr uuuu　　rrrr uuuu　　rrrr uuuu　　rrrr uuuu　　rrrr uuuu

2. tttt yyyy　　tttt yyyy　　tttt yyyy　　tttt yyyy　　tttt yyyy　　tttt yyyy
　　tttt yyyy　　tttt yyyy　　tttt yyyy　　tttt yyyy　　tttt yyyy　　tttt yyyy

3. rtuy　　rtuy　　rtuy　　rtuy　　rtuy　　rtuy　　rtuy　　rtuy
　　rtuy　　rtuy　　rtuy　　rtuy　　rtuy　　rtuy　　rtuy

4. tryu　　tryu　　tryu　　tryu　　tryu　　tryu　　tryu　　tryu　　tryu
　　tryu　　tryu　　tryu　　tryu　　tryu　　tryu　　tryu

5. ruty　　ruty　　ruty　　ruty　　ruty　　ruty　　ruty　　ruty　　ruty
　　ruty　　ruty　　ruty　　ruty　　ruty　　ruty　　ruty

6. tury　　tury　　tury　　tury　　tury　　tury　　tury　　tury　　tury
　　tury　　tury　　tury　　tury　　tury　　tury　　tury

7. aydug　　aydug　　aydug　　aydug　　aydug　　aydug　　aydug
　　aydug　　aydug　　aydug　　aydug　　aydug　　aydug　　aydug

8. hrkt;　　hrkt;　　hrkt;　　hrkt;　　hrkt;　　hrkt;
　　hrkt;　　hrkt;　　hrkt;　　hrkt;　　hrkt;　　hrkt;

9. rjtly　　rjtly　　rjtly　　rjtly　　rjtly　　rjtly　　rjtly　　rjtly
　　rjtly　　rjtly　　rjtly　　rjtly　　rjtly　　rjtly　　rjtly　　rjtly

10. ysufy　　ysufy　　ysufy　　ysufy　　ysufy　　ysufy　　ysufy　　ysufy
　　ysufy　　ysufy　　ysufy　　ysufy　　ysufy　　ysufy　　ysufy

11. art yak　　art yak　　art yak　　art yak　　art yak　　art yak
　　art yak　　art yak　　art yak　　art yak　　art yak　　art yak

12. tarn yug　　tarn yug　　tarn yug　　tarn yug　　tarn yug　　tarn yug
　　tarn yug　　tarn yug　　tarn yug　　tarn yug　　tarn yug　　tarn yug

13. rat fur　　rat fur　　rat fur　　rat fur　　rat fur　　rat fur　　rat fur
　　rat fur　　rat fur　　rat fur　　rat fur　　rat fur　　rat fur　　rat fur

14. dust yard　　dust yard　　dust yard　　dust yard　　dust yard　　dust yard
　　dust yard　　dust yard　　dust yard　　dust yard　　dust yard　　dust yard

15. drug hard　　drug hard　　drug hard　　drug hard　　drug hard　　drug hard
　　drug hard　　drug hard　　drug hard　　drug hard　　drug hard　　drug hard

16. rust aut　　rust aut　　rust aut　　rust aut　　rust aut　　rust aut
　　rust aut　　rust aut　　rust aut　　rust aut　　rust aut　　rust aut

17. tatty hasty　　tatty hasty　　tatty hasty　　tatty hasty　　tatty hasty　　tatty hasty
　　tatty hasty　　tatty hasty　　tatty hasty　　tatty hasty　　tatty hasty

18. rusty fur;　　rusty fur;　　rusty fur;　　rusty fur;　　rusty fur;　　rusty fur;
　　rusty fur;　　rusty fur;　　rusty fur;　　rusty fur;　　rusty fur;

19. tatty lads;　　tatty lads;　　tatty lads;　　tatty lads;　　tatty lads;　　tatty lads;
　　tatty lads;　　tatty lads;　　tatty lads;　　tatty lads;　　tatty lads;

20. dustd ytald　　dustd ytald　　dustd ytald　　dustd ytald　　dustd ytald
　　dustd ytald　　dustd ytald　　dustd ytald　　dustd ytald　　dustd ytald

21. thady; lasdk　　thady; lasdk　　thady; lasdk　　thady; lasdk　　thady; lasdk
　　thady; lasdk　　thady; lasdk　　thady; lasdk　　thady; lasdk

22. fasd l; aty　　fasd l; aty　　fasd l; aty　　fasd l; aty　　fasd l; aty
　　fasd l; aty　　fasd l; aty　　fasd l; aty　　fasd l; aty　　fasd l; aty

23. ghtyd lksyt　　ghtyd lksyt　　ghtyd lksyt　　ghtyd lksyt
　　ghtyd lksyt　　ghtyd lksyt　　ghtyd lksyt　　ghtyd lksyt

24. ytl; a dsk; y　　ytl; a dsk; y　　ytl; a dsk; y　　ytl; a dsk; y　　ytl; a dsk; y
　　ytl; a dsk; y　　ytl a dsk; y　　ytl; a dsk; y　　ytl a dsk; y

练习四　【Q】【W】【E】【I】【O】【P】键的练习

1. qqqq pppp　　qqqq pppp　　qqqq pppp　　qqqq pppp　　qqqq pppp
　　qqqq pppp　　qqqq pppp　　qqqq pppp　　qqqq pppp　　qqqq pppp

2. qpqp　　qpqp　　qpqp　　qpqp　　qpqp　　qpqp　　qpqp　　qpqp
　　qpqp　　qpqp　　qpqp　　qpqp　　qpqp　　qpqp　　qpqp　　qpqp

3. www oooo　　www oooo　　www oooo　　www oooo　　www oooo
　　www oooo　　www oooo　　www oooo　　www oooo　　www oooo

4. wowo　　wowo　　wowo　　wowo　　wowo　　wowo　　wowo
　　wowo　　wowo　　wowo　　wowo　　wowo　　wowo　　wowo

5. qowp　　qowp　　qowp　　qowp　　qowp　　qowp　　qowp　　qowp
　　qowp　　qowp　　qowp　　qowp　　qowp　　qowp　　qowp

6. eeee iiii　　eeee iiii　　eeee iiii　　eeee iiii　　eeee iiii　　eeee iiii
　　eeee iiii　　eeee iiii　　eeee iiii　　eeee iiii　　eeee iiii　　eeee iiii

7. eieie　　eieie　　eieie　　eieie　　eieie　　eieie　　eieie　　eieie

eieie   eieie   eieie   eieie   eieie   eieie   eieie

8. wipe   wipe   wipe   wipe   wipe   wipe   wipe   wipe
    wipe   wipe   wipe   wipe   wipe   wipe   wipe

9. qipe   qipe   qipe   qipe   qipe   qipe   qipe   qipe   qipe
    qipe   qipe   qipe   qipe   qipe   qipe   qipe   qipe

10. riwot   riwot   riwot   riwot   riwot   riwot   riwot   riwot
    riwot   riwot   riwot   riwot   riwot   riwot   riwot

11. wet pop   wet pop   wet pop   wet pop   wet pop   wet pop
    wet pop   wet pop   wet pop   wet pop   wet pop

12. quit weep   quit weep   quit weep   quit weep   quit weep   quit weep
    quit weep   quit weep   quit weep   quit weep   quit weep   quit weep

13. pail sail   pail sail   pail sail   pail sail   pail sail   pail sail
    pail sail   pail sail   pail sail   pail sail   pail sail   pail sail

14. poke joke   poke joke   poke joke   poke joke   poke joke   poke joke
    poke joke   poke joke   poke joke   poke joke   poke joke   poke joke

15. fork work   fork work   fork work   fork work   fork work   fork work
    fork work   fork work   fork work   fork work   fork work   fork work

16. rough tough   rough tough   rough tough   rough tough   rough tough
    rough tough   rough tough   rough tough   rough tough   rough tough

17. queer write   queer write   queer write   queer write   queer write
    queer write   queer write   queer write   queer write   queer write

18. pepper worthy   pepper worthy   pepper worthy   pepper worthy
    pepper worthy   pepper worthy   pepper worthy   pepper worthy

19. without operate   without operate   without operate
    without operate   without operate   without   operate

20. withdraw oppsite   pepper worthy   withdraw oppsite   withdraw oppsite
    withdraw oppsite   withdraw oppsite   pepper worthy

21. qiopew spet   qiopew spet   qiopew spet   qiopew spet   qiopew spet
    qiopew spet   qiopew spet   qiopew spet   qiopew spet

22. his eyes hips   his eyes hips   his eyes hips   his eyes hips   his eyes hips
    his eyes hips   his eyes hips   his eyes hips   his eyes hips

23. worker keys   worker keys   worker keys   worker keys   worker keys
    worker keys   worker keys   worker keys   worker keys   worker keys

24. pip power   pip power   pip power   pip power   pip power
    pip power   pip power   pip power   pip power

练习五　【V】【B】【N】【M】的练习

1. vvvvnnnn   vvvvnnnn   vvvvnnnn   vvvvnnnn   vvvvnnnn   vvvvnnnn
    vvvvnnnn   vvvvnnnn   vvvvnnnn   vvvvnnnn   vvvvnnnn   vvvv nnnn

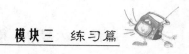

2. bbbbmmm   bbbbmmm   bbbbmmm   bbbbmmm   bbbbmmm
    bbbbmmm   bbbbmmm   bbbbmmm   bbbbmmm   bbbbmmm

3. vnvnbmbm   vnvnbmbm   vnvnbmbm   vnvnbmbm   vnvnbmbm
    vnvnbmbm   vnvnbmbm   vnvnbmbm   vnvnbmbm

4. vmvmbnbn   vmvmbnbn   vmvmbnbn   vmvmbnbn   vmvmbnbn
    vmvmbnbn   vmvmbnbn   vmvmbnbn   vmvmbnbn   vmvmbnbn

5. mvbn   mvbn   mvbn   mvbn   mvbn   mvbn   mvbn
    mvbn   mvbn   mvbn   mvbn   mvbn   mvbn   mvbn

6. qvnp   qvnp   qvnp   qvnp   qvnp   qvnp   qvnp   qvnp
    qvnp   qvnp   qvnp   qvnp   qvnp   qvnp   qvnp

7. wnbo   wnbo   wnbo   wnbo   wnbo   wnbo   wnbo
    wnbo   wnbo   wnbo   wnbo   wnbo   wnbo   wnbo

8. vibi   vibi   vibi   vibi   vibi   vibi   vibi   vibi
    vibi   vibi   vibi   vibi   vibi   vibi   vibi

9. vemo   vemo   vemo   vemo   vemo   vemo   vemo   vemo
    vemo   vemo   vemo   vemo   vemo   vemo   vemo

10. vuby   vuby   vuby   vuby   vuby   vuby   vuby   vuby
     vuby   vuby   vuby   vuby   vuby   vuby   vuby   vuby

11. snbl   snbl   snbl   snbl   snbl   snbl   snbl   snbl   snbl
     snbl   snbl   snbl   snbl   snbl   snbl   snbl   snbl

12. nurm   nurm   nurm   nurm   nurm   nurm   nurm   nurm
     nurm   nurm   nurm   nurm   nurm   nurm   nurm

13. inbe   inbe   inbe   inbe   inbe   inbe   inbe   inbe
     inbe   inbe   inbe   inbe   inbe   inbe   inbe   inbe

14. moye vwti   moye vwti   moye vwti   moye vwti   moye vwti   moye vwti
     moye vwti   moye vwti   moye vwti   moye vwti   moye vwti

15. bav mon   bav mon   bav mon   bav mon   bav mon   bav mon
     bav mon   bav mon   bav mon   bav mon   bav mon   bav mon

16. vin momn   vin momn   vin momn   vin momn   vin momn   vin momn
     vin momn   vin momn   vin momn   vin momn   vin momn

17. but nut   but mut   but mut   but mut   but mut   but mut
     but mut   but mut   but mut   but mut   but mut   but mut

18. pot not   pot not   pot not   pot not   pot not   pot not
     pot not   pot not   pot not   pot not   pot not   pot not

19. meet noon   meet noon   meet noon   meet noon   meet noon
     meet noon   meet noon   meet noon   meet noon

20. mob joy   mob joy   mob joy   mob joy   mob joy   mob joy
     mob joy   mob joy   mob joy   mob joy   mob joy   mob joy

21. mill sold   mill sold   mill sold   mill sold   mill sold   mill sold

mill sold　　mill sold　　mill sold　　mill sold　　mill sold　　mill sold

22. drwn lunm　　drwn lunm　　drwn lunm　　drwn lunm　　drwn lunm　　drwn lunm
drwn lunm　　drwn lunm　　drwn lunm　　drwn lunm　　drwnlunm

23. verb brid　verb brid　verb brid　verb brid　verb brid　verb brid
verb brid　verb brid　verb brid　verb brid　verb brid　verb brid

24. rubber knee　rubber knee　rubber knee　rubber knee　rubber knee
rubber knee　rubber knee　rubber knee　rubber knee　rubber knee

25. broken moment　broken moment　broken moment　broken moment
broken moment　broken moment　broken moment

26. banner manner　banner manner　banner manner　banner manner
banner manner　banner manner　banner manner　banner manner

练习六　【Z】【X】【C】【，】【．】【/】键的练习

1. zzzz ，，，，　　zzzz ，，，，　　zzzz ，，，，　　zzzz ，，，，　　zzzz ，，，，　　zzzz ，，，，
zzzz ，，，，　　zzzz ，，，，　　zzzz ，，，，　　zzzz ，，，，　　zzzz ，，，，　　zzzz ，，，，

2. cccc ////　cccc ////　cccc ////　cccc ////　cccc ////　cccc ////
cccc ////　cccc ////　cccc ////　cccc ////　cccc ////　cccc ////

3. zxc，　　zxc，　　zxc，　　zxc，　　zxc，　　zxc，　　zxc，
zxc，　　zxc，　　zxc，　　zxc，　　zxc，　　zxc，　　zxc，
zxc，　　zxc，　　zxc，　　zxc，　　zxc，

4. z，x．z，　　z，x．z，　　z，x．z，　　z，x．z，　　z，x．z，　　z，x．z，
z，x．z，　　z，x．z，　　z，x．z，　　z，x．z，　　z，x．z，　　z，x．z，

5. /z/x　/z/x　/z/x　/z/x　/z/x　/z/x　/z/x　/z/x　/z/x
/z/x　/z/x　/z/x　/z/x　/z/x　/z/x　/z/x　/z/x　/z/x

6. c/x．z，　　c/x．z，　　c/x．z，　　c/x．z，　　c/x．z，　　c/x．z，
c/x．z，　　c/x．z，　　c/x．z，　　c/x．z，　　c/x．z，　　c/x．z，

7. cxz，．/　cxz，．/　cxz，．/　cxz，．/　cxz，．/　cxz，．/
cxz，．/　cxz，．/　cxz，．/　cxz，．/　cxz，．/　cxz，．/

8. six，　　six，　　six，　　six，　　six，　　six，　　six，　　six，　　six，
six，　　six，　　six，　　six，　　six，　　six，　　six，　　six，

9. box，　box，　box，　box，　box，　box，　box，　box，　box，
box，　box，　box，　box，　box，　box，　box，　box，　box，

10. cox，　　cox，　　cox，　　cox，　　cox，　　cox，　　cox，　　cox，　　cox，
cox，　　cox，　　cox，　　cox，　　cox，　　cox，　　cox，　　cox，

11. zoo．，　　zoo．，　　zoo．，　　zoo．，　　zoo．，　　zoo．，　　zoo．，　　zoo．，
zoo．，　　zoo．，　　zoo．，　　zoo．，　　zoo．，　　zoo．，　　zoo．，　　zoo．，

12. mix．ve，　　mix．ve，　　mix．ve，　　mix．ve，　　mix．ve，　　mix．ve，
mix．ve，　　mix．ve，　　mix．ve，　　mix．ve，　　mix．ve，

13. zest，next，　　zest，next，　　zest，next，　　zest，next，　　zest，next，

zest, next,　　zest, next,　　zest, next,　　zest, next,　　zest, next,

14. cox. axe,　　cox. axe,　　cox. axe,　　cox. axe,　　cox. axe, cox. axe, cox.　　axe, cox.　　axe, cox.　　axe, cox.　　axe, cox.

15. hazy,　　hazy,　　hazy,　　hazy,　　hazy,　　hazy,　　hazy, hazy,　　hazy,　　hazy,　　hazy,　　hazy,　　hazy,

16. fetch/　fetch/　fetch/　fetch/　fetch/　fetch/ fetch/　fetch/　fetch/　fetch/　fetch/　fetch/

17. college universite　college universite　college universite　college universite college universite　college universite　college universite

18. drive bus;　drive bus;　drive bus;　drive bus;　drive bus;　drive bus; drive bus;　drive bus;　drive bus;　drive bus;　drive bus;

19. public building　public building　public building　public building public building　public building　public building　public building

20. draw picture　draw picture　draw picture　draw picture　draw picture draw picture　draw picture　draw picture　draw picture　draw picture

练习七　shift 键及【：】【？】等键的练习（注意区分大小写！）

1. zoo. Zoo,　　zoo. Zoo,　　zoo. Zoo,　　zoo. Zoo,　　zoo. Zoo, zoo. Zoo,　　zoo. Zoo,　　zoo. Zoo,　　zoo. Zoo,　　zoo. Zoo,

2. AjBuCnDyEpFiGoHqIsJwKeLvMdNwOzPxQnRkSmTyUtVlWoXoYgZi

3. AjA BuB CnC DyD EpE FiF GoG HqH IsI JwJ KeK LvL MdM NwN OzO PxP QnQ RkR SmS TyT UtU VlV WoW XoX YgY ZiZ

4. ////？？？？////？？？？////？？？？////？？？？////？？？？////？？？？////？？？？/// /？？？？////？？？？/？？？？////？？？？////？？？？///

5. "／;：　"／;：　"／;：　"／;：　"／;：　"／;：　"／;：　"／:　"／;： "／;：　"／; ：　"／;：　"／;：　"／;：　"／;：　"／;：　"／;：　"／;： "／;：　"／;：　"／;："／;： "／;：

二、英文文章练习

练习一

The Diversity of my university life

Look!There is rsinbow!On the first day of my university life,when I walked into the campus,there was a rainbow bridging over the fountain,I hadn't seen rainbow for a long time.I was si excited,and leaped high with joy.My ponytail danced with my happiness.It was a prooitious sign indicated that my life in university would be colorful,and actually it is!

After my entry into university Ifound my life so busy what I should do is not only gaining the scholarship but also being a good monitor and leader of shanghai university percussion band.I got the lst and 2nd price of scholarship in my 2 years of study I organized charity donations for schoolmates whit financial difficulty or disease.Every week,gave drum lesson to new members of our percussion band.And there are always a lot of non-business perfornances,such as entertaining guests.celebrating pary,cultura exchange with foreihn students delegations and their bands Of course.part-time job is indispensable in my vacations.I ask for no payment but aim at getting accustoned to the society.

Sometimes, my friends advise me not to tire Myself out with such a tight schedule.I wake up before the rooster crow,and continue working till very late when others are enjoying their sweet dreams.Every thme I come back front the rehearsal of percussion band,I have to finish my homework With the help of my own charged light because of the blackout in out dormitory. Maybe such kind of life is something like an ascetic, but We should work hard and try hard in our youth,aren't we?

When I represented shanghai university to take part in the POND's new century lady competition held in May,when I show of on the stage,when I emerged as "the girl of vitality", I made use of every bit of time to compensate the classes I had missed,I made use of every chance to learn from other girls with vitality,versatility and intelligence.I made use of this opportunity to present our university students'state of mind.

There is a little bitterness in my busy life,but at the same time,there is sweetness.It is colorful.I make fun out of it.I love it.When I snatch a little leisure I lie on the green grass,reading books,I cripple myself in the window-seat in our library---the 2nd largest in shanghai---I absorb knowledge like a hungry sponge.I wonder along the bank of river,listening to oriels in willows and get a splendid sunset view of the campus. The sky is drunk with the sunset;I am drunk with the sweetness of my like.

Besides study, music is the most important pant of my life.I began to learn piano at 6 and drum at 11.In school,I teach students to play jazz drums,kettledrums, xylophone and so on. We give performances in many universities to popularize percussion and to bring music to them. I've learned drums for so many years and it can't be separated from my life now.It is my beating heart,my pulse,veins and arteries.When I play it,I wanna move my body,I can sit on my chair anymore I can't help swinging I communicate with the audience I call upon them to join me with the beat of drums the rhythm of music and the fragmence of youth.Hi,com on!

In one summer vacation,I volunteered to teach my neighborhood community and taxi drivers to learn 100 English sentences for APEC.I made great efforts to walk out of my air-conditioned room and walk into the hot and suffocating weather.Some of these people didn't have the opportunity to get good education,and even didn't know ABC! I tried hard to find and easy way to teach them.For example,how to remember "the oriental TV tower packing"? I put "tower packing" as "taoxie" in shanghar dialect. It is not the right way to teach and learn English like this,but actually it is the only way. In the end of my vacation,they could use some daily language. I was so glad and thought my efforts rewarding.Being a Volunteer,I mould myself.serve the people and welcome the coming APEC. Being a university student living in ivory tower packing,I feel the hardness of taxi driver.It was at that time that I cherished most my opportunity to study in shanghai university which enjoys the first rate facilities in china.I will work hard and contribute myself to our country the future.

And another summer vacation, I worked as a junior clerk in an import and export company.I didn't know how to draw up invoice; how to make customs declaration forms; how to fill the packing list or I even didn't know what is CIF! I strongly feel my lack of working and social experience;these are knowledge that can't be learned from textbooks. How to teach oneself,how to make a circle of acquaintances and get along with people of various characters---I think these are the preparation of entry into society and are more important than my scores in examinations.Working in the company, I threw away my t-shirts jeans track shoes and changed into suits dresses and high-hell shoes. It was far from comfortable and occasionally I stumbled over my steps. Oh!How difficult it is to be a white-collar office lady! One should pretend to be a noble lady, working all day before the table,wearing the dangerous high-heel shoes! Isn't it a challenge?

My life in university is like allegro.It is painstaking but worthwhile; bitter but sweet;tiring but exciting. The rainbow appeared in my first day of university life promised me a colorful life.Over the rainbow, there is the sky high above.The way ahead is long, I see no ending, yet high or low, I will search my unbending!

练习二

While taking my boat down the inland waterway to Florida a few weeks ago, I decided to tie up at Georgetown, South Carolina, for the night and visit with an old friend. As we approached the Esso dock, I saw him through my binoculars standing there awaiting us. Tall and straight as an arrow he stood, facing a cold, penetrating wind—truly a picture of a sturdy man, even though his next birthday will make him eighty-two. Yes, the man was our elder statesman, Bernard Baruch.

He loaded us into his station wagon and we were off to his famous Hobcaw Barony for dinner. We sat and talked in the great living room where many notables and statesmen, including Roosevelt and Churchill, have sat and taken their cues. In his eighty-second year, still a human dynamo, Mr. Baruch talks not of the past but of present problems and the future, deploring our ignorance of history, economics, and psychology. His only reference to the past was to tell me, with a wonderful sparkle in his eye, that he was only able to get eight quail out of the ten shots the day before. What is the secret of this great man's value to the world at eighty-one? The answer is his insatiable desire to keep being productive.

Two of the hardest things to accomplish in this world are to acquire wealth by honest effort and, having gained it, to learn how to use it properly. Recently I walked into the locker room of a rather well-known golf club after finishing a round. It was in the late afternoon and most of the members had left for their homes. But a half-dozen or so men past middle age were still seated at tables talking aimlessly and drinking more than was good for them. These same men can be found there day after day and, strangely enough, each one of these men had been a man of affairs and wealth, successful in business and respected in the community. If materialprosperity were the chief requisite for happiness, then each one should have been happy. Yet, it seemed to me, something very important was missing, else there would not have been the constant effort to escape the realities of life through Scotch and soda. They knew, each one of them, that their productivity had ceased. When a fruit tree ceases to bear its fruit, it is dying. And it is even so with man.

What is the answer to a long and happy existence in this world of ours? I think I found it long ago in a passage from the book, Genesis, which caught my eyes while I was thumbing through my Bible. The words were few, but they became indelibly impressed on my mind: "In the sweat of thy face shalt thou eat thy bread."

To me, that has been a challenge from my earliest recollections. In fact, the battle of life, of existence, is a challenge to everyone. The immortal words of St. Paul, too, have been and always will be a great inspiration to me. At the end of the road I want to be able to feel that I have fought a good fight, I have finished the course, I have kept the faith.

练习三

I have a dream by Martin Luther King, jr. Delivered on the steps at the lincoln memorial in Washington D.C. on August 28, 1963 five score years ago, a great american, in whose symbolic shadow we stand signed the emancipation proclamation.

This momentous decree came as a great beacon light of hope to millions of negroslaves who had been seared in the flames of withering injustice.it came as a joyous daybreak to end the long night of captivity.But one hundred years later, we must face the tragic fact that the negro is still not free. one hundred years later, the life of the negro is still sadly crippled by the manacles of segregation and the chains of discrimination. one hundred years later, the negro lives on a lonely island of poverty in the midst of a vast ocean of material prosperity. One hundred years later, the negro is still languishing in the corners of american society and finds himself an exile in his own land. So we have come here today to dramatize an appalling condition.In a sense we have come to our nation's capital to cash a check.When the architects of our republic wrote the magnificent words of the constitution and the declaration of independence, they were signing a promissory note to which every american was to fall heir. This note was a promise that all men would be guarranteed the inalienable rights of life, liberty, and thepursuit of happiness.It is obvious today that America has defaulted on thispromissory note insofar as her citizens of color are concerned.Instead of honoring this sacred obligation, America has given the negro people a bad check which has come back marked insufficient funds.Justice is bankrupt. We refuse to believe that there are insufficient funds in the great vaults of opportunity of thisnation. So we have come to cash this check——a check that will give us upon demand the riches of freedom and the security of justice. We have also come to this hallowed spot to remind America of the fierce urgency of now. This is no time to engage in the luxury of cooling off or to take the tranquilizing drug of gradualism. Now is the time to rise from the dark and desolate valley of segregation to the sunlit path of racialjustice. Now is the time to open the doors of opportunity to all of God's children. Now is the time to lift our nation from the quicksands of racial injustice to the solid rock of brotherhood.It would be fatal for the nation to overlook the urgency of the moment and to underestimate the determination of the negro. This sweltering summer of the negro's legitimate discontent will not pass until there is an invigorating autumn of freedom andequality. Nineteen sixty-three is not an end, but a beginning.Those who hope that the negro needed to blow off steam and willnow be content will have a rude awakening if the nation returns to business as usual. There will be neither rest nor tranquilityin America until the negro is granted his citizenship rights.The whirlwinds of revolt will continue to shake the foundations of our nation until the bright day of justice emerges.But there is something that I must say to my people who stand on the warm threshold which leads into the palace of justice. Inthe process of gaining our rightful place we must not be guilty of wrongful deeds. Let us not seek to satisfy our thirst forfreedom by drinking from the cup of bitterness and hatred.We must forever conduct our struggle on the high plane of dignity and discipline.

We must not Allow our creative protestto degenerate into physical violence. Again and again we must rise to the majestic heights of meeting physical force with soulforce. The marvelous new militancy which has engulfed the negro community must not lead us to distrust of all white people, formany of our white brothers, as evidenced by their presence heretoday, have come to realize that their destiny is tied up withour destiny and their freedom is inextricably bound to ourfreedom. We can not walk alone.And as we walk, we must make the pledge that we shall marchahead. We can not turn back. There are those who are asking thedevotees of civil rights, "when will you be satisfied?" we can never be satisfied as long as our bodies, heavy with the fatigue of travel, cannot gain lodging in the motels of the highways andthe hotels of the cities. We cannot be satisfied as long as the negro's basic mobility is from a smaller ghetto to a larger one.We can never be satisfied as long as a negro in Mississippi cannot vote and a negro in New York believes he has nothing for which to vote. No, no, we are not satisfied, and we will not be satisfied until justice rolls down like waters and righteousness like a mighty stream.I am not unmindful that some of you have come here out of greattrials and tribulations. Some of you have come fresh from narrow cells. Some of you have come from areas where your quest for freedom left you battered by the storms of persecution and staggered by the winds of police brutality. You have been the veterans of creative suffering,continue to work with the faith that unearned suffering is redemptive.Go back to Mississippi, go back to Alabama, go back to Georgia,go back to louisiana, go back to the slums and ghettos of ournorthern cities, knowing that somehow this situation can and will be changed. Let us not wallow in the valley of despair.I say to you today, my friends, that in spite of the difficulties and frustrations of the moment, I still have adream. It is a dream deeply rooted in the american dream.I have a dream that one day this nation will rise up and liveout the true meaning of its creed: "we hold these truths to beself-evident: that all men are created equal."I have a dream that one day on the red hills of Georgia the sons of former slaves and the sons of former slave owners will be able to sit down together at a table of brotherhood.I have a dream that one day even the state of Mississippi, adesert state, sweltering with the heat of injustice and oppression, will be transformed into an oasis of freedom and justice.I have a dream that my four children will one day live in a nation where they will not be judged by the color of their skin but by the content of their character.I have a dream today.I have a dream that one day the state of Alabama, whose governor's lips are presently dripping with the words of interposition and nullification, will be transformed into asituation where little black boys and black girls will be able to join hands with little white boys and white girls and walk together as sisters and brothers.I have a dream today.I have a dream that one day every valley shall be exalted, every hill and mountain shall be made low, the rough places will bemade plain and the crooked places will be made straight, and the glory of the lord shall be revealed, and all flesh shall see it together.This is our hope. This is the faith with which I return to the south. With this faith we will be able to hew out of the mountain of despair a stone of hope. With this faith we will be able to transform the jangling discords of our nation into a beautiful symphony of brotherhood. With this faith we will be able to work together, to pray together, to struggle together,to go to jail together, to stand up for freedom together,knowing that we will be free one day.This will be the day when all of God's children will be able tosing with a new meaning, "my country, sweet land of liberty. Land where my fathers died, land of the pilgrim's pride, from every mountainside, let freedom ring."And if America is to be a great nation this must become true. So let freedom ring from the prodigious hilltops of new hampshire.Let freedom ring from the mighty mountains of New York. Letfreedom ring from the heightening alleghenies of Pennsylvania!Let freedom ring from the snow capped rockies of Colorado!Let freedom ring from the curvaceous peaks of California!But not only that; let freedom ring from stone mountain of Georgia!Let freedom ring from lookout mountain of Tennessee!Let freedom ring from every hill and every molehill of Mississippi. From every mountainside, Let freedom ring.When we let freedom ring, whem we let it ring from every village and every hamlet, from every state and every city, we will beable to speed up that day when all of God's children, black menand white men, jews and gentiles, protestants and catholics,will be able to join hands and sing in the words of the oldnegro spiritual, "Free at last! Free at last! Thank godalmighty, we are free at last!"

4.2 数字练习

1. 使用数字键区输入以下城市的电话区号和邮政编码

地名	电话区号	邮政编码	地名	电话区号	邮政编码
北京	010	100000	广州	020	510000
上海	021	200000	天津	022	300000
重庆	023	400000	合肥	0551	230000
佛山	0757	528000	福州	0591	350000
东莞	0769	523000	兰州	0931	730000
贵阳	0851	550000	三亚	0898	572000
石家庄	0311	050000	唐山	0315	063000
邯郸	0310	056000	伊春	0458	153000
兰考	0378	475300	襄阳	0710	441100
哈尔滨	0451	150000	黄冈	0713	438000
黑河	0456	164300	武汉	027	430000
宜昌	0717	443000	张家界	0744	416600
淮阳	0394	466700	怀化	0745	418000
醴陵	0733	412200	株洲	0733	412000
鄂州	0711	436000	绥化	0458	152000
黄山	0559	245000	砀山	0557	235300

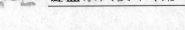

2．使用数字键区输入以下四组算式

569+69-145*88+9-12/8-9 365 742 059+9*85+9.3-612*78-62+2 135 482 121 506+12 462+65 210-4.258+958 540-985*21 056+965-9 852+545 632 158/7 541 202 154-98 525 467 012*9+99+6 584-9*9/8+65-9 965+98

14+625.6+85-35.215*658+62/8+58/4-96.297+6 501.36+96 521 521+63+36+3.23+965.31+3.014+98-98+98-96+8+6 485 712 569+96.25-9.102+98+652-69+96*8 745-9 58+0.32+0.14+9.25+98 746 014-98*96+5

4-9*8+6.210-93 657 542 059+9*85+9.3-612*78-62+2 135 482 121 506+12 462+65 210-4.258+958 540-985*21 056+965-9 852+545 632 158/7 541 202 154-98 525 467 012*9+99+65 584-9*9/8+65-9 965+985 014+625

6+85-35.218 5*658+662/8+58/14-96.297+65 001.36+965 210 521+63+36+3.23+965.31+3.601 4+948-98+98-96+8+648 574 812 569+96.25-9.110 2+65 698+65 810+65*85-85+2.02+98+96-8 547/58-58-58+69

4.3 五笔字型练习

1．写出下列键名汉字的编码

王		土		大		木	
工		目		日		口	
田		山		禾		白	
月		人		金		言	
立		水		火		之	
已		子		女		又	
纟							

2. 写出下列成字字根的编码

犬		寸		厂		雨	
丁		干		三		二	
石		卜		十		戈	
五		戋		七		士	
廿		一		古		车	
早		甲		由		贝	
止		曰		虫		四	
川		力		冂		上	
几		西		乃		竹	
八		手		用		夕	
斤		文		方		小	
门		广		六		米	
巳		己		马		子	
尸		幺		刀		耳	
了		也		弓		臼	
心		羽		九		巴	

3. 写出下列字根的编码

匚		廿		卜		刂	
囗		皿		彡		扌	
亻		攵		夂		彳	
钅		勹		氵		冫	

⼍		宀		攵		亠	
讠		灬		斗		辶	
疒		彐		卩		巛	
厶		凵					

4. 写出下列汉字的字型代码

井		酉		她		仅	
庙		刁		迫		泪	
庐		杆		状		固	
奸		闷		蚂		云	
锌		冒		枚		泉	
位		鱼		庄		秆	
谁		扛		酥		闸	
灭		肚		芯		杀	
什		肪		闯		想	

5. 写出下列汉字的末笔代码

昏		酥		弄		伏	
勾		力		驰		盏	
弗		未		盆		仇	
农		捏		廷		坊	
页		悼		尤		击	
市		闲		秩		元	
孜		午		冈		妒	

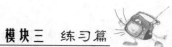

6. 写出下列汉字的识别码（用字母表示）

栗		泅		丹		矿	
闯		腮		泉		飞	
卉		痈		勿		浅	
农		钡		闲		企	
粒		瘴		丘		章	
惊		蛆		应		吾	

7. 参照下表进行"左右型汉字识别码"的练习

末笔笔画	横	竖	撇	捺	折
左右型	11	21	31	41	51
识别码	G	H	T	Y	N

谆		牡		巧		扎	
仟		扦		故		拌	
刮		肘		仲		泅	
啄		蚂		触		判	
谁		刊		伏		酥	
札		孜		扛		徙	
矿		汝		蚊		阻	
钩		呕		驰		汁	
炯		蛆		伴		垃	

钓		唯		配		蛹	
壮		推		咕		训	
她		悟		坊		住	
码		捂		琼		纹	
杆		伐		虾		仗	
佣		犯		却		讨	

8. 参照下表进行"上下型汉字识别码"的练习

末笔笔画	横	竖	撇	捺	折
上下型	12	22	32	42	52
识别码	F	J	R	U	B

尚		岔		栗		冬	
玄		孕		仓		兰	
杀		京		弄		昏	
皂		圣		茧		兑	
舀		坠		盍		尔	
笛		音		邑		美	
愁		声		章		艾	
气		香		臭		穴	
矢		荤		泵		亩	
艺		孟		杏		竿	

妄		麦		秃		羌	
圭		奇		草		页	
霍		套		岁		吝	
茄		冒		芦		聂	
云		苦		贾		紊	

9. 参照下表进行"杂合型汉字识别码"的练习

末笔笔画	横	竖	撇	捺	折
杂合型	13	23	33	43	53
识别码	D	K	E	I	V

句		牛		头		痔	
廷		疗		闷		庐	
回		库		灭		丈	
斥		勾		丹		闯	
亡		卤		房		酉	
办		闸		扇		尿	
未		庙		问		自	
斗		歹		尤		迫	
亏		匣		瘴		屎	
勺		冈		君		庄	
屑		厕		万		升	

肩		圆		农		叉	
曳		击		隶		眉	
闽		壬		申		厌	
血		弗		厘		巨	

10. 写出下列不足四根汉字的编码（要加识别码）

亓		阻		眉		唯	
弁		邡		戒		汗	
圭		钍		刁		丕	
泣		栖		迫		企	
回		丹		告		亩	
粕		青		丘		仁	
庄		位		冉		惜	
杏		问		吐		童	
庙		铂		贴		枉	
丑		湘		血		仕	
尚		扯		拍		杠	
备		柏		扇		奋	
尘		晒		香		正	
肚		杜		自		壮	
仔		坠		谁		雀	
奇		旦		苗		囡	

模块三 练习篇

孟		冒		码		昏	
圣		捏		钥		佳	
伍		悟		昔		框	
吾		旺		翟		应	
岩		舌		润		茄	
屑		甘		推		妻	
咨		吗		址		眷	
闯		肓		杏		雷	
牡		茸		垃		酒	
固		油		音		苦	
粒		霍		值		赶	
仲		笛		巨		奸	
讪		君		旮		齐	
疗		烂		肩		岸	
午		泪		蕾		钟	
市		享		里		浏	
忏		住		旱		仰	
草		程		利		井	
鱼		兰		叩		牛	
棚		看		驯		汁	
句		厘		竿		叮	

85

珀		召		锌		坤	
皇		单		钊		辞	
挂		击		厕		抖	
贱		旷		妒		少	
户		声		杉		乡	
待		等		支		父	
贾		焱		仅		买	
泉		灭		穴		农	
矢		仆		叭		莫	
呕		杀		触		勺	
头		茧		丸		玄	
谜		页		丈		舟	
爪		冬		走		扒	
孜		京		哀		弘	
呗		岚		扑		票	
咚		怯		刃		构	
忍		讨		宋		未	
蚊		尺		忘		斥	
卷		仇		讥		叨	
连		剂		杆		昕	
库		巾		亨		弄	

丫		申		千		庐	
羊		章		升		床	
什		钾		斗		勾	
刊		剥		凉		幼	
芹		佯		朴		讥	
拥		矿		圆		见	
伐		场		故		亏	
茶		钓		余		元	
冈		罗		尔		纪	
叉		飞		伏		忙	
去		改		惊		气	
仗		岁		咪		兮	
状		纹		私		犯	
卡		债		套		幻	
责		矢		歹		兄	
足		哭		彻		溧	
坝		奴		泄		访	
吓		昙		伧		今	
琼		叹		仿		吒	
云		仓		礼		舫	
孔		万		札		兑	

11. 写出下列四根汉字的编码

照		能		撒		挫	
命		够		剪		冷	
随		制		洞		萨	
茅		基		敬		随	
孺		隐		陶		骡	
验		菠		荡		落	
蔓		鄞		荔		恐	
蒟		鞋		荚		邪	
鞠		荆		菽		底	
蔡		烷		渡		冼	
座		竣		津		阔	
咨		闹		壁		瘦	
煜		尊		淞		违	
愤		慎		恸		似	

12. 写出下列多根汉字的编码

蒸		董		骊		耦	
慝		薄		熊		臧	
藉		蔽		骥		朦	
藐		露		叠		膨	

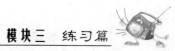

蒜		孺		骤		辘	
藏		隔		礓		爵	
潦		聩		慧		貘	
馨		融		鹌		膻	
葡		陲		糖		膳	
鼎		蠖		蟛		撤	
揽		舞		繁		擒	
锲		寐		巍		款	
搿		壤		博		腱	
铴		墀		趟		赖	
镤		摔					

13. 写出下列一级简码字的编码

一		地		在		要	
工		上		是		中	
国		同		和		的	
有		人		我		主	
产		不		为		这	
民		了		发		以	
经							

14．写出下列二级简码字的编码

开		表		载		寺	
屯		于		支		二	
到		五		城		直	
天		下		圾		示	
左		夺		械		极	
顾		三		李		村	
友		丰		权		本	
胡		砂		枯		相	
式		七		虎		步	
节		牙		皮		旧	
芭		东		肯		贞	
基		功		睦		卢	
虹		明		呀		吵	
最		时		啊		虽	
紧		量		吧		吕	
晨		早		顺		另	
轻		男		曲		骨	
因		轴		邮		财	
轩		思		凤		峭	
加		边		央		则	

长		秀		拓		代	
季		找		扔		他	
么		报		朋		公	
知		反		肝		估	
凶		庆		江		煤	
色		衣		池		粗	
然		训		汉		灶	
角		高		尖		业	
陈		孙		戏		杂	
取		职		邓		妇	
承		阵		双		绿	
际		红		能		给	

15．写出下列两字词的编码

阳光		支援		出版		称谓	
职工		特写		孤立		翻版	
简历		运动		自传		微小	
简陋		隐约		隐藏		文豪	
职责		积极		香料		聘请	
笑话		自修		处罚		辽阔	
笔记		程度		延缓		利润	
笔试		自然		教授		香水	

运气		牌子		陶醉		复兴	
考查		版权		隐私		翅膀	
教材		自满		云彩		复制	
老板		征集		处方		片段	
延安		生物		复员		种植	
复活		惩罚		积累		积木	
积分		都市		教室		利率	
射击		出诊		船员		降价	
和谐		片断		联络		生存	
和睦		复写		地位		重大	
利索		生意		辞职		支出	
自由		赞歌		筹备		降临	
彼岸		知识		徘徊		教训	
生气		甜蜜		长官		策略	
血液		适当		敌人		赞助	
才干		辞海		知名		障碍	
聘任		彻底		短波		适合	
出众		联系		联邦		降雨	
珠算		秀丽		矩形		联结	
积压		聪明		隧道		船票	
隐含		联合		长期		长城	

工匠		长久		核心		幸亏	
阿姨		筹划		智商		午餐	
自重		长跑		限量		毛皮	
爱惜		幸福		楷体		行政	
征收		限期		陪同		等于	
德育		增收		盘点		造型	
生长		干古		告示		适宜	
校长		机制		本色		机要	
增长		相互		歌声		地皮	
覆灭		相等		相声		本钱	
样板		查阅		本事		相机	
阶层		酬谢		权威		议价	
地铁		权益		失误		极度	
榕树		极点		树林		附言	
地名		橱窗		执政		除名	
查收		文凭		替代		歌颂	
爱国		撤销		预料		规范	
歌剧		预期		失控		相似	
查询		规章		零售		撤离	
西餐		材料		推举		地形	
标记		指引		标准		标榜	

酷爱		斥责		模块		配备	
相貌		桂冠		柔软		杯子	
标明		本文		但是		批准	
棱角		机关		飘浮		推广	
村子		培育		抗议		预见	
橘子		树立		劲头		批判	
本能		飘然		零星		权限	
气味		抽屉		危险		外贸	
缺损		圣地		饱满		然而	
通信		挑衅		锅炉		祝福	
抽象		圣人		钢琴		祖宗	
舞会		提高		平面		神话	
损失		年终		免疫		窍门	
圣经		后天		脑袋		祖辈	
开拓		武断		神态		客人	
后退		制裁		青菜		定稿	
来往		载重		窗户		审计	
后果		外科		平均		审问	
形势		钻研		穷困		宣告	
爬山		印刷		实施		定型	
武术		鸳鸯		轻快		议题	

翱翔		错误		青春		军舰	
排泄		色素		袖珍		审美	
振兴		外来		宁静		密布	
抚养		镇压		安置		宫殿	
年轻		名册		衬衣		厉害	
晴天		健忘		发放		俱全	
主权		勤务		识别		无期	
整理		抱负		往常		公司	
销量		将要		口才		取胜	
学籍		册子		电汇		租界	
县城		植树		助兴		在家	
男生		同学		常有		半边	
对内		鲜花		保温		对比	
左右		到场		害怕		归纳	
见面		供需		国葬		打赌	
内参		公私		天气		温存	
六月		要素		短程		附属	
出嫁		不对		之中		算数	
扫帚		车速		犯病		热诚	
女儿		机场		夜里		争端	
时差		针织		只要		结业	

印数		梯田		崇敬		咱们	
美梦		带鱼		剿匪		监察	
全貌		低廉		道路		欢送	
幸福		演说		长远		原故	
正负		低温		确凿		出力	
通告		一起		志向		考勤	
维护		可恨		初期		西南	
忧伤		比较		抱怨		吃饭	
区域		归队		部标		第八	
别扭		少许		租用		理发	
奉送		学位		价值		外文	
练习		看出		多少		毒性	
门面		凯旋		地基		利弊	
决算		预审		青岛		显现	
稻田		前辈		任务		料理	
信仰		当天		注意		强制	
占据		宰相		粮食		你我	
基建		出产		还需		总得	
制版		帆船		武器		桅杆	
映像		谈判		头版		稿纸	
失眠		原棉		出勤		恶果	

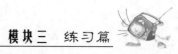

射线		汹涌		第十		早已	
详尽		从前		心急		弹奏	
抽象		出厂		出现		宝钢	
款式		最小		题材		东方	
黑人		病害		德育		救灾	
散装		招考		制裁		奠定	
翅膀		摄氏		成熟		时间	
别名		中文		一早		罢课	
转动		揭幕		家伙		毒害	
党内		冬天		凭空		日益	
查证		苍蝇		低等		里边	
车厢		面目		质量		主席	
中性		名牌		字节		模样	
标榜		谋取		草鞋		誓师	
驳回		口气		斜面		五金	
坚持		捕获		治安		联系	
油腻		雕像		明白		烟叶	
愚顽		防疫		肉眼		报纸	
近视		生意		归属		设宴	
兼顾		养病		瞭望		光彩	
钢笔		弯曲		飞舞		教养	

来历		共商		微弱		开采	
织布		本末		长期		男儿	
难题		撤职		躲避		坐标	
客商		湿润		元旦		管理	
担搁		标记		手续		太原	
头痛		庄稼		磁场		军区	
迫切		选种		赤诚		大街	
渣打		印染		屁股		无穷	
南极		整天		扩张		棍子	
前进		只需		听任		丰姿	
列车		学历		正气		资助	
千金		评分		押送		焚烧	
粉笔		衣料		派别		表现	
共处		神情		七律		窗台	
问世		户口		暴乱		勉励	
随即		勇士		通讯		款待	
早先		省份		证书		认错	
中立		幸免		至于		自传	
夸奖		落后		家长		破旧	
苦难		炮制		兵士		诚心	
师傅		结束		田间		严谨	

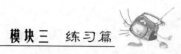

听候		恶习		声援		倒塌	
忌妒		模棱		禀报		诚恳	
马力		叫做		百倍		难办	
折扣		个别		漫漫		局面	
折旧		尺寸		疑难		招标	
否定		起义		完全		统治	
不怕		童年		天文		暴风	
舰队		凑巧		快报		慰劳	
保养		司法		事后		正常	
不安		导演		银矿		飘舞	
要价		华丽		感想		互助	
胆略		越南		施行		牧民	
捕捉		总是		保佑		拆卸	
收获		脑筋		心头		胜任	
凌晨		反正		脱贫		记功	
央求		敏捷		看法		河北	
废铁		编辑		迟早		悲惨	
电车		引言		应有		天资	
防弹		嘉奖		三角		内弟	
精度		严密		转入		澳门	
它们		字典		联机		飘扬	

石料		浪费		体质		首次	
查清		早操		辜负		详解	
几乎		奇特		产妇		表妹	
灵活		美妙		职权		对手	
财贸		粗细		宪法		渊博	
船只		奋力		内务		伤口	
计划		哀伤		最终		盛行	
利民		目次		大陆		场所	
创举		遵循		土豪		房租	
名字		布朗		潜伏		底片	
朝鲜		香油		原煤		从来	
气候		警戒		游览		传略	
可变		下班		彩霞		插入	
英杰		打扰		吾辈		纵横	
谐和		细胞		建材		独裁	
假冒		前头		通商		从轻	
撑腰		对于		明细		救国	
道理		每当		注目		定律	
精锐		资产		精良		新华	
仍旧		获胜		上游		悠久	
全副		看来		先辈		价目	

罪名		下笔		供应		收条	
受贿		车皮		白发		形容	
特意		不幸		儿子		嘱咐	
帮助		海鸟		边际		园地	
低级		可鄙		糊涂		愿望	
腐蚀		天边		下级		涨价	
深山		阴阳		钻研		阳历	
画报		歪曲		电力		排队	
达到		喜人		肾脏		社员	
能耐		中校		很好		电影	
较高		柜子		超脱		巨大	
附录		口岸		写出		精诚	
两间		肛门		歉意		布局	
搞垮		渗透		转化		三月	
精致		乘方		县份		维持	
污蔑		女子		滞销		功勋	
人身		家产		变相		讲师	
海港		多数		系数		开设	
海参		入学		祖孙		育种	
新郎		挖掘		文书		影星	
摊牌		草拟		威力		稀疏	

评价		发源		目标		各族	
制造		根本		枕头		逆境	
副刊		跑马		惯用		做主	
春季		气慨		承认		有利	
鲜果		政务		谷子		陈设	
叔叔		通信		忠实		整数	
高深		改装		皎皎		执行	
要害		鞭策		教师		胳臂	
今日		数据		大会		幽默	
深夜		偏爱		流通		盘点	
牢牢		麻雀		指导		知识	
集权		只得		军队		录像	
急于		大炮		分离		招待	
拆建		酝酿		依附		科学	
同伴		单价		法权		额头	
折价		对面		权力		迫使	
报表		观点		歉疚		程式	
珠宝		规章		心情		勤劳	
搞好		四川		还想		兴隆	
暗淡		主任		载重		仙女	
难点		初恋		隐瞒		现行	

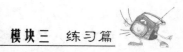

浏览		当心		兴盛		门牌	
请进		儒家		武艺		采纳	
少年		提款		平价		拟订	
篡夺		销售		成品		寒风	
腈纶		沾染		首脑		明朗	
温柔		进口		假日		苍茫	
命运		少校		各界		放手	
电源		任命		一月		弱者	
钉子		姑娘		船长		奖章	
甘心		创建		白面		请假	
凄凉		传阅		冲洗		鸳鸯	
勘探		椅子		难忘		空虚	
收拾		热核		纺纱		年级	
霎时		签字		残忍		南京	
钟头		捐赠		虾仁		壮烈	
事物		几度		五月		纪要	
舞蹈		奇妙		气象		属于	
密电		共建		出庭		衬托	
重任		魔术		虫灾		征稿	
寓言		备件		土法		即使	
时常		巡视		个数		捣鬼	

敏感		真是		完美		费话	
旅社		收悉		观礼		幼儿	
车费		电视		官气		出于	
到会		响亮		意图		远洋	
失策		耐心		离校		宁静	
打猎		配音		有用		辽宁	
字体		夫妇		海鲜		逻辑	
海战		新近		发生		作家	
帽子		宴请		青春		故土	
道谢		升值		密谋		电器	
发疯		为难		变更		昼夜	
敬意		巴西		疼痛		遇到	
现款		洋货		隶属		雅座	
上课		活动		委托		勇于	
矩阵		天坛		法治		田地	
测量		侵袭		垄断		只有	
宣言		旅游		清查		就绪	
查问		稽查		古巴		节俭	
全速		代码		悲痛		最多	
警句		总务		蕴藏		国宴	
清算		展望		镀锌		百科	

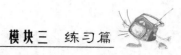

批斗		平时		按时		大将	
诗人		改组		红旗		轻率	
演奏		忏悔		注册		地势	
沉没		钥匙		税务		劳资	
突然		职员		工资		直到	
朝阳		桌子		操练		一手	
肤色		副职		停职		无须	
定理		电场		相反		颂扬	
客车		差异		竞选		急电	
免得		献给		工兵		悠扬	
提示		公开		掩饰		最低	
生态		论题		公正		过来	
转让		从简		职别		差错	
辞职		要紧		一贯		人世	
清静		信箱		意愿		损害	
肮脏		神态		广阔		时兴	
名人		仇人		杀伤		纪念	
万代		设想		动摇		新婚	
燃料		抢夺		征求		度过	
优化		明亮		亲朋		俄文	
容忍		食粮		退步		放荡	

受苦		粪便		静止		板车	
党派		白桦		同意		舞台	
旅顺		比方		灭亡		胜诉	
要么		鼻炎		零点		叛国	
顿时		鹿茸		对门		过于	
遥远		批发		圆满		逃走	
沿着		出世		督促		山腰	
共鸣		单独		心绪		盲目	
第二		桂冠		一共		夜空	
精力		领海		模特		门类	
上衣		边陲		高傲		蜜月	
什么		萌芽		呐喊		茶座	
降温		摆布		正南		编造	
美酒		外边		社交		内地	
上当		示范		十分		发亮	
耳机		弱点		坚决		医科	
股息		递补		基点		木工	
流程		杂志		争论		颠覆	
国策		朝夕		某某		娱乐	
俯瞰		唯恐		分为		当作	
冲破		治学		帷幄		付款	

目光		缩写		警卫		嵩山	
列宁		链锁		磁铁		聊斋	
氧化		出游		诸位		协议	
入门		撕毁		康复		协定	
潜力		军阀		单纯		子宫	
体会		精干		尖锐		捉弄	
发票		公休		应当		简化	
筹备		文职		董事		东北	
中层		路线		徽标		深渊	
培植		高薪		万分		外头	
肝火		产物		痊愈		日夜	
盖章		推销		公馆		散件	
逸事		健壮		从宽		肩膀	
七一		专利		眼睛		宽大	
礼貌		战争		放牧		更新	
风险		奴隶		司空		分裂	
儿科		第九		公众		民族	
不时		拼写		参照		病人	
壮观		两手		拆除		听说	
劳累		香水		各地		即将	
任意		审核		老家		审美	

软件		电疗		展览		前面	
里面		矛盾		搞通		田野	
仪器		一只		遇险		货物	
信贷		国债		改进		着手	
视察		校正		药店		透明	
血汗		关闭		图表		一度	
举例		补充		牛肉		山势	
特级		班车		教授		确诊	
厮杀		项目		爆炸		停车	
唱歌		轮子		应聘		扶持	
军舰		内容		政治		真切	
高档		纪实		准时		原来	
弹簧		操作		病号		不觉	
模仿		放纵		偏见		终究	
总理		高尚		对抗		叶子	
简略		两性		那个		违背	
速成		微笑		几年		内外	
前年		购置		争权		肥皂	
韶山		抚摸		医治		一再	
搜索		西宁		表扬		古物	
未曾		悲愤		发报		历程	

舒适		字母		界限		分歧	
原始		实践		废纸		趣味	
秋天		倾向		宿舍		变幻	
在先		老实		籍贯		得分	
味道		剧烈		四方		大致	
经贸		生死		插页		油脂	
实业		工种		故地		适度	
人心		内疚		预支		实惠	
战友		市政		回想		股长	
选举		增益		专车		大部	
高涨		震荡		确立		文教	
总额		提早		以前		遨游	
总算		电线		小学		谴责	
看守		风骚		队长		特写	
秋收		铁道		过后		调戏	
刚刚		修配		深度		热忱	
命名		秘密		言辞		遥控	
当即		背后		惊醒		场面	
侮辱		战略		地位		工区	
广州		判断		谈论		烹调	
初步		反击		脏乱		急需	

土豆		方针		秘方		农村	
枯燥		院士		裁判		储蓄	
上任		往来		同乡		丰满	
担忧		场院		特约		阴影	
分厂		尽管		渎职		广义	
宝剑		本家		马克		案语	
月息		民委		调任		万世	
深入		要是		变法		催促	
规律		工龄		诡辩		亩产	
风格		稿件		威信		过节	
中国		青工		到处		检修	
灯具		创伤		萎缩		出去	
深入		贵阳		进行		化工	
求教		科技		高价		投递	
神话		洲际		深层		排球	
故国		冒昧		选取		剽窃	
诗刊		接续		开车		公告	
安葬		数字		伯伯		获得	
防汛		描绘		丛林		大方	
时钟		适龄		施加		病休	
莫大		阴性		慢性		抄录	

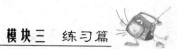

16. 写出下列三字词的编码

重量级		小分队		三门峡		凝聚力	
数理化		积极性		三角板		小孩子	
反义词		领导者		正方形		三环路	
助听器		灵敏度		消防车		小轿车	
小夜曲		乳制品		投递员		近视眼	
解说词		戈壁滩		注射器		写字台	
服务员		交换机		洗衣机		生命力	
建设者		电视台		放射线		历史性	
体温表		统计表		小朋友		机器人	
体育场		团支书		机械化		基础课	
气管炎		差不多		省辖市		发电机	
消费者		信用卡		出入境		明信片	
蛋白质		马铃薯		复印件		戏剧性	
值班室		负责人		洋娃娃		西红柿	
国务卿		党中央		后勤部		发明家	
选举权		蓄电池		储蓄所		动植物	
百分比		一等品		西半球		生产力	
方向盘		液化气		注意力		练习本	
伙食费		圣诞树		音乐会		出厂价	

豆制品		儿童节		省政府		发言人	
检察院		侦察兵		天安门		译制片	
针织品		北美洲		没关系		统计学	
峨眉山		高效益		歌唱家		风景区	
一会儿		接班人		电子琴		电话机	
半成品		博物院		千里马		电风扇	
应届生		计算机		电视剧		电灯泡	
半边天		医务室		突破性		一系列	
标准化		医学院		唐人街		圆珠笔	
年终奖		电磁波		偶然性		交响曲	
轻工业		纵坐标		独生子		报告会	
摩托车		休息日		外向型		规格化	
组织部		农作物		免疫力		专案组	
不见得		共和国		外祖母		真实性	
介绍信		跑龙套		鱼肝油		辅导员	
党委会		塑料袋		俱乐部		喜洋洋	
歌舞团		总方针		汇款单		面包车	
借书证		售票员		零售价		清一色	
一块儿		开场白		摄影师		义务兵	
设计者		覆盖率		花生米		清明节	

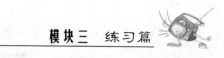

公安部		夏令营		导火线		自由泳	
舞蹈家		联合国		花名册		专利法	
乌托邦		方块字		高标准		所得税	
口头禅		监视器		编辑部		路透社	
木偶戏		技术性		通讯录		主力军	
内分泌		外国人		关系户		大扫除	
百叶窗		录音机		开玩笑		研究室	
少年宫		化妆品		回忆录		立体声	
百家姓		时刻表		必需品		作用力	
目的地		外地人		重要性		发明者	
县政府		亚热带		联欢会		散文诗	
慰问品		司法部		荣誉感		主旋律	
必修课		总动员		少林寺		留言簿	
秦始皇		众议院		临时工		保健操	
复杂性		微波炉		司务长		指南针	
秘书长		立方根		临时性		麦克风	
示意图		敬老院		华盛顿		大奖赛	
操作员		个体户		吉普车		展览会	
本世纪		出生率		少先队		备忘录	
第一流		发源地		志愿兵		大西北	

内燃机		初学者		特效药		矿物质	
纯利润		条形码		联系人		聘用制	
大使馆		二进制		房租费		重工业	
大多数		批发价		直辖市		合格证	
大跃进		成品率		莫须有		自尊心	
绝对值		微积分		俗话说		自行车	
发病率		实验室		分数线		自来水	
说明书		所以然		手术台		闪光灯	
印刷品		所有权		世界观		市中心	
大学生		代表团		手工业		非金属	
指导员		生命线		永久性		太阳能	
高水平		碰运气		自由化		判决书	
历史剧		未婚妻		照相机		纪念日	
指挥部		独创性		加速度		先锋队	
畜牧业		吉祥物		纺织品		寄生虫	
大气压		行政区		土特产		合理化	
大辩论		雷阵雨		公务员		劳动局	
几何学		自动化		中小型		纪律性	
企业家		闪电战		中秋节		纪录片	
大众化		北京人		吐鲁番		老百姓	

练习题		有效期		衣帽间		教职工	
指挥官		卢森堡		新中国		原子核	
大家庭		自变量		制造商		教研室	
审判员		杂技团		研究员		北冰洋	
陆海空		差不多		接线员		条形码	
大师傅		总公司		供销社		生命力	
临时性		塑料布		电信局		安徽省	
代表性		物价局		厅局级		传输线	
读后感		大脑炎		时间性		歌唱家	
张依林		公有制		无非是		台北市	
比利时		军事家		开绿灯		卫戍区	
圣诞节		服务站		本科生		百家姓	
猪八戒		解放区		血压计		空调机	
预备队		只不过		俄罗斯		革命家	
外国人		菜市场		北冰洋		洗澡间	
慕尼黑		燕尾服		沈阳市		常委会	
信息论		电唱机		总工会		观察员	
具体化		方面军		生产力		鸭绿江	
这里边		武汉市		姊妹篇		审判官	
实力派		控制台		执政党		动物园	

伤脑筋		计算机		金霉素		闪电战	
直辖市		一方面		专案组		银川市	
相适应		杂货铺		现代戏		那当然	
轻音乐		口头语		麦乳精		女主人	
解放后		含金量		农业局		实习生	
政治家		学龄前		工业国		高加索	
外事处		福州市		劣根性		田野中	
侵略者		形象化		混合物		参观者	
必修课		证明信		太极拳		进化论	
哈密瓜		缝纫机		中顾委		科学家	
好办法		加工厂		根本上		问事处	
检字法		计划处		广告牌		手指头	
唐人街		向阳花		颐和园		自动化	
渤海湾		水利化		少数派		星期一	
利润率		商标法		匿名信		差一点	
斯大林		大发展		东南亚		老好人	
防疫站		合唱团		连云港		核裁军	
微电机		本专业		受教育		微积分	
筹备组		亚热带		法西斯		金质奖	
难道说		联合会		发病率		传家宝	

医学院		办公室		北极星		这时候	
龙卷风		电子学		自然界		参谋长	
正弦波		人世间		老八路		外国佬	
儿媳妇		发货票		蔚蓝色		核爆炸	
间接税		商业部		同义词		班干部	
过去时		检察署		打电报		天主教	
国防部		查号台		工作证		录音机	
建设者		经济学		多方位		车旅费	
冶金部		檀香山		脱脂棉		私生活	
野战军		大功率		医疗费		基本上	
指示器		审判长		感兴趣		机动性	
误码率		长沙市		科教片		研究所	
新闻系		摩托车		木偶戏		排球赛	
发言权		优越性		专业化		旧社会	
动脑筋		大检查		消防车		学生装	
自信心		二把手		原单位		研究会	
年轻人		接班人		多学科		贵州省	
教育界		火电厂		高效益		印刷品	
急性病		北美洲		主人翁		改革派	
博物馆		储蓄所		邮电部		复印件	

说不得		贮存器		星期六		自民党	
党支部		一部分		女同志		多元化	
促进派		乳制品		装卸队		工作组	
粮食局		水龙头		四环路		手提包	
老大难		全世界		党代会		重要性	
指南针		或者说		工作站		解放初	
多年来		抚恤金		革新派		企业界	
总书记		意味着		好样的		卫生员	
书记处		农机站		导火索		司法厅	
北斗星		省辖市		必然性		回忆录	
书刊号		小青年		北京人		托儿所	
工具书		橘子汁		老板娘		卫生院	
录像带		朋友们		企业家		国库券	
大字报		边境证		开玩笑		里程碑	
各行业		报务员		上海市		长一智	
培训班		用不着		所得税		会议厅	
英文版		微波炉		松花江		单方面	
形容词		一系列		责任制		喜剧片	
各县区		油印机		工作服		打印机	
群英会		博物院		事实上		弄得好	

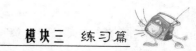

蒸馏水		中秋节		青年人		边防军	
反过来		贮藏室		扩大化		誊印社	
木器厂		相当于		独创性		塑料袋	
少壮派		京广线		生产率		交易额	
世界语		教职员		雷阵雨		凸透镜	
译制片		变压器		检察官		排球队	
小吃部		建筑队		中立国		干革命	
金字塔		撰稿人		食品店		无所谓	
茅台酒		河南省		等比例		党政军	
日用品		教练机		反封建		殖民地	
密电码		大团结		共同社		青壮年	
救护车		支委会		季节性		蒸汽机	
无条件		江苏省		西红柿		黄连素	
恩格斯		乒乓球		中高档		外来语	
方块字		一会儿		代名词		高姿态	
靠得住		盗窃犯		运动鞋		物理学	
大伙儿		中间派		八进制		儿童节	
拖拉机		重量级		营业额		气象台	
方框图		文汇报		中外文		一等奖	
参考书		核试验		团党委		建筑物	

软件包		留学生		政治课		团中央	
农副业		年终奖		偶然性		中低级	
生命线		大理石		批发商		纪录片	
大辩论		组织部		司法部		独生子	
总统府		工作者		勘误表		审计署	
邮电所		心脏病		好莱坞		慢性病	
绝对值		动力学		服务业		书呆子	
本系统		电话机		还乡团		日记本	
高压锅		危险期		搜集人		保守派	
永久性		应用于		批评家		小伙子	
议定书		生物学		五笔型		专利号	
探亲假		洗衣机		男子汉		我们的	
不能不		公安厅		近年来		电讯稿	
系统性		请愿书		录像片		万能胶	
使用权		中国话		塔斯社		学杂费	
强有力		写字台		发起人		女孩子	
领事馆		核导弹		老大爷		总经理	
连续剧		新风尚		重金属		新闻片	
中山陵		太平间		全过程		载波机	
筹备会		领导者		精确度		独生女	

太阳系		由不得		年平均		产供销	
很能够		指挥官		运输线		照相机	
军政府		激光器		五一节		反民主	
金三角		还将有		看样子		大杂烩	
新技术		外向型		交谊舞		四步舞	
甚至于		交接班		美联社		签名册	
交际花		钢结构		高质量		经纬度	
统计局		发言人		等距离		代办处	
中南海		文具盒		五笔桥		国宾馆	
西安市		皮肤病		通信兵		文艺报	
原计划		拉丁文		进出口		正方形	
全系统		怎么样		各市县		铁路局	
家务事		综合症		联合国		化肥厂	
蒙古包		碰运气		手术室		检疫站	
歌舞团		教育局		分水岭		伙食费	
庄稼地		发报机		投递员		济南市	
红外线		工作台		大扫除		起作用	
对得起		自卫队		凝聚力		东道主	
莫过于		大气压		灵敏度		自发性	
十三陵		政治局		巡逻队		大会堂	

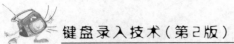

黑龙江		洽谈室		军衔制		选举人	
中高级		习惯于		中草药		半封建	
共和国		小百货		统计表		经销部	
检查站		流水线		突破性		经手人	
挂号信		总产值		辩证法		主旋律	
吃闲饭		标准化		经贸部		成都市	
检察厅		行政区		打基础		交通部	
文工团		三八式		普通话		本年度	
劳动者		使用率		广州市		二进制	
专利法		上下文		南昌市		差点儿	
棉毛衫		警备区		卡拉奇		窝里斗	
再教育		新天地		编辑室		冲锋枪	
站柜台		会计师		驾驶证		应当说	
大规模		可能性		诸葛亮		所有制	
救济金		信用社		反应堆		政治部	
工艺品		桥头堡		满州里		奖学金	
生活费		联欢会		进口车		接待室	
各院校		舞蹈家		录音带		轻金属	
片面性		老规矩		吉普车		百分比	
老资格		星期三		维修组		改革者	

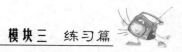

财政厅		急刹车		托运费		选举法	
老婆婆		实验田		发行人		太平洋	
神经病		唯物论		避雷针		逻辑性	
代销店		持久战		工商业		著作权	
党代表		专业户		气管炎		矿物质	
审批权		日光灯		立足点		目的地	
时刻表		服务费		城建局		林荫道	
新变化		热处理		盗窃案		养殖场	
小数点		解剖学		小朋友		电冰箱	
对不起		售货摊		献殷勤		看不起	
站起来		江西省		有时候		血细胞	
如果说		预处理		石膏像		三轮车	
正比例		同盟军		预备生		国有化	
民主党		电烙铁		司务长		电磁场	
废品率		自主权		委员长		大森林	
散文诗		三门峡		同乡会		催化剂	
意识到		老大哥		还可能		贵阳市	
伏尔加		先锋队		尼龙袜		记者证	
大家庭		准确度		核辐射		管理费	
荧光屏		侵略军		摄制组		零售价	

原子核		曾用名		包装箱		小儿科	
内务部		总指挥		卫生所		雪茄烟	
五线谱		故事片		操作员		消费者	
德智体		饮食业		理事长		月台票	
成绩单		大奖赛		地面站		工业品	
实业界		长方体		心电图		文化宫	
波士顿		会计室		执行者		退休金	
活受罪		摄影机		找麻烦		作用力	
超大型		文教界		双职工		售货亭	
荣誉奖		基础课		未婚妻		选举权	
饮食店		各省市		鱼肝油		试金石	
小汽车		坏分子		科学院		高中生	
北朝鲜		高消费		大革命		三极管	
高效能		干电池		工作量		思想性	
微生物		双重性		孤儿院		手榴弹	
出发点		洞庭湖		爱尔兰		影剧院	
化验室		保守党		总代表		内科学	
算什么		向前看		核发电		热水器	
畅销书		吃苦头		门诊部		天安门	
爆炸性		基督教		老前辈		克格勃	

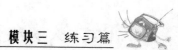

芝加哥		中下层		自己人		覆盖率	
书报费		法兰西		袁世凯		化学家	
通知书		通信连		电热器		防护林	
动植物		游击队		出版社		全中国	
乳白色		夏威夷		小家伙		自豪感	
游艺机		高年级		思想家		列车长	
小学校		反动派		董事长		王永民	
还不够		开幕词		供电站		笔记本	
百叶窗		进行曲		小业主		立方体	
软包装		公安处		志愿兵		东半球	
上下班		万年青		一阵子		吉祥物	
更衣室		多样性		不得不		小算盘	
太原市		大众化		复印机		人造革	
开场白		突发性		发源地		运输队	

17．写出下列四字词的编码

千姿百态		潜移默化	
小心翼翼		势不可挡	
拔苗助长		历历在目	
美不胜收		眼花缭乱	
喜出望外		庞然大物	

不屈不挠		茅塞顿开	
出谋划策		可歌可泣	
春华秋实		承前启后	
默默无闻		一劳永逸	
一事无成		不言而喻	
喜出望外		感人肺腑	
迷迷糊糊		娇生惯养	
手不释卷		人迹罕至	
一筹莫展		风流人物	
无边无际		不折不扣	
察言观色		以身殉职	
千方百计		果不其然	
栩栩如生		不得而知	
万紫千红		成千上万	
一念之差		力挽狂澜	
趁热打铁		若无其事	
危言耸听		崇山峻岭	
失魂落魄		井然有序	
记忆犹新		五光十色	
心旷神怡		画蛇添足	

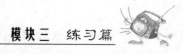

出手不凡		道听途说	
鸡毛蒜皮		赏心悦目	
闲情逸致		星罗棋布	
狗血喷头		天高地厚	
轻而易举		锲而不舍	
近在咫尺		不可救药	
相得益彰		安身之处	
人声鼎沸		蹑手蹑脚	
姹紫嫣红		一日千里	
争奇斗艳		忍俊不禁	
漠不关心		精益求精	
无精打采		无缘无故	
纹丝不动		大惊小怪	
豁然开朗		引人入胜	
适得其反		德高望重	
梦寐以求		郁郁葱葱	
耀武扬威		情不自禁	
惊慌失措		镇定自若	
走投无路		津津有味	
油然而生		滚瓜烂熟	

一视同仁		谈笑风生	
无动于衷		咬文嚼字	
海角天涯		柳暗花明	
漫不经心		不耻下问	
兴高采烈		窃窃私语	
一语双关		无可奈何	
骇人听闻		融为一体	
变幻莫测		惨不忍睹	
粗心大意		鲜为人知	
东张西望		买椟还珠	
欢天喜地		海市蜃楼	
全神贯注		默默无闻	
异想天开		津津有味	
气喘吁吁		恰到好处	
只言片语		讨价还价	
刚直不阿		血气方刚	
生机盎然		中流砥柱	
家家户户		摇摇欲坠	
相提并论		万籁俱寂	
气象万千		节衣缩食	

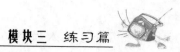

鸦雀无声		明察秋毫	
其貌不扬		罪魁祸首	
沸沸扬扬		花枝招展	
人杰地灵		重峦叠嶂	
学而不厌		诲人不倦	
根深蒂固		孜孜不倦	
温故知新		举一反三	
循序渐进		山光水色	
轩然大波		相辅相成	
集思广益		归根到底	
惊心动魄		自欺欺人	
见异思迁		藕断丝连	
反腐倡廉		古往今来	
扣人心弦		闲情逸致	
痛失良机		万无一失	
叹为观止		因地制宜	
洗耳恭听		活蹦乱跳	
万水千山		调虎离山	
用兵如神		千锤百炼	
大彻大悟		未雨绸缪	

惟妙惟肖		推陈出新	
四通八达		起死回生	
参考资料		迄今为止	
无奇不有		一丝不苟	
忍气吞声		大显身手	
工作人员		寄人篱下	
可想而知		文化教育	
热火朝天		夸夸其谈	
气象万千		雨后春笋	
管理体制		拭目以待	
潜移默化		各行其是	
不打自招		走马观花	
老谋深算		出类拔萃	
诲人不倦		日新月异	
万紫千红		约法三章	
海外侨胞		头头是道	
爱憎分明		公共汽车	
光彩夺目		趾高气扬	
咄咄怪事		神出鬼没	
可歌可泣		五笔字型	

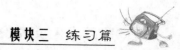

完璧归赵		经济制裁	
上方宝剑		如上所述	
相互信任		如获至宝	
克己奉公		全党全国	
能者多劳		巧夺天工	
事必躬亲		浑水摸鱼	
后顾之忧		谈虎色变	
万里长征		一目了然	
所向披靡		尽善尽美	
风调雨顺		战斗英雄	
忠心耿耿		忧心如焚	
不置可否		赏心悦目	
海峡两岸		三番五次	
农业生产		不择手段	
来日方长		微处理机	
阴谋诡计		千方百计	
青红皂白		大有可为	
翻天覆地		反攻倒算	
天气预报		言而无信	
干劲十足		知识更新	

摇旗呐喊		万无一失	
敬而远之		釜底抽薪	
新陈代谢		身心健康	
北京时间		经济特区	
本位主义		来人来函	
自我批评		移山倒海	
一笔勾销		方针政策	
新闻联播		西装革履	
唯心主义		讨价还价	
约定俗成		焉得虎子	
公费医疗		二氧化碳	
道貌岸然		手舞足蹈	
卷土重来		锲而不舍	
新闻简报		举棋不定	
专业人员		好逸恶劳	
头破血流		轩然大波	
新兴产业		汗马功劳	
多多益善		生机盎然	
将功赎罪		廖若晨星	
守口如瓶		喜新厌旧	

振兴中华		上行下效	
小巧玲珑		声嘶力竭	
前无古人		挥金如土	
中庸之道		民族团结	
廉洁奉公		危机四伏	
莫衷一是		平易近人	
处世哲学		自然资源	
拨乱反正		或多或少	
歪风邪气		勤勤恳恳	
前所未有		油腔滑调	
新闻记者		坚强不屈	
拐弯抹角		从容不迫	
十六进制		适可而止	
雷厉风行		只争朝夕	
不谋而合		高尔夫球	
法律顾问		心甘情愿	
半工半续		自顾不暇	
粉身碎骨		糖衣炮弹	
国民经济		对症下药	
各尽所能		无边无际	

利令智昏		有声有色	
王码电脑		迫不及待	
励精图治		闲情逸致	
社会变革		偏听偏信	
克勤克俭		胡作非为	
中间环节		成人之美	
国家机关			

18．写出下列多字词的编码

坐山观虎斗		久旱逢甘霖	
树倒猢狲散		更上一层楼	
一物降一物		行行出状元	
日久见人心		名师出高徒	
知子莫若父		中央电视台	
富贵不能淫		为人民服务	
喜马拉雅山		人不可貌相	
九牛二虎之力		井水不犯河水	
风马牛不相及		不可同日而语	
可望而不可及		心有余力不足	
手无缚鸡之力		有志者事竟成	
迅雷不及掩耳		恭敬不如从命	

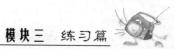

有过之无不及		事实胜于雄辩	
不识庐山真面目		宁夏回族自治区	
中华人民共和国		初生牛犊不怕虎	
一寸光阴一寸金		打破沙锅问到底	

4.4 文章练习

要求：在对应词组的括号处写出编码。

缺陷面前不退缩不消沉

　　美国（　　　　　）总统（　　　　　）罗斯福是一个（　　　　　）先天有缺陷（　　　　　）的人，牙齿（　　　　　）暴露（　　　　　），没有（　　　　　）一副好的面孔（　　　　　）。他小时候（　　　　　）是一个（　　　　　）脆弱（　　　　　）胆小的学生（　　　　　），在学校（　　　　　）课堂（　　　　　）里总显露（　　　　　）出一种（　　　　　）惊惧的表情（　　　　　）。如果（　　　　　）被老师（　　　　　）喊起来（　　　　　）背诵（　　　　　），他立即（　　　　　）就会双腿发抖，嘴唇也颤动不已，说话（　　　　　）含含糊糊，吞吞吐（　　　　　）吐。

　　像他这样（　　　　　）一个（　　　　　）小孩（　　　　　），自我（　　　　　）的感觉（　　　　　）很敏感（　　　　　），常会回避（　　　　　）同学（　　　　　）间的任何（　　　　　）活动（　　　　　），不喜欢（　　　　　）交朋友（　　　　　）。然而（　　　　　），罗斯福虽然（　　　　　）有这方面（　　　　　）的缺陷（　　　　　），但是缺陷（　　　　　）促使（　　　　　）他更加（　　　　　）努力（　　　　　）奋斗（　　　　　）。他没有（　　　　　）因为（　　　　　）同学（　　　　　）们对他的嘲笑（　　　　　）而减低（　　　　　）勇气（　　　　　）。他喘气的习惯（　　　　　）变成（　　　　　）了一种（　　　　　）坚定（　　　　　）的嘶声。他用坚强（　　　　　）的意志（　　　　　），咬紧自己（　　　　　）的牙床使嘴唇不颤动而克服（　　　　　）他的惧怕。

　　没有（　　　　　）一个（　　　　　）人能比罗斯福更了解（　　　　　）自己（　　　　　），他清楚（　　　　　）自己（　　　　　）身体（　　　　　）上

的种种（　　　　　）缺陷（　　　　　）。他从来（　　　　　）不欺骗（　　　　　）自己（　　　　　），认为（　　　　　）自己（　　　　　）是勇敢（　　　　　）、强壮（　　　　　）或好看的。他用行动（　　　　　）来证明（　　　　　）自己（　　　　　）可以（　　　　　）克服（　　　　　）先天的障碍（　　　　　）而得到（　　　　　）成功（　　　　　）。

凡是（　　　　　）他能克服（　　　　　）的缺点（　　　　　）他便克服（　　　　　），不能（　　　　　）克服（　　　　　）的他便加以利用（　　　　　）。通过（　　　　　）演讲（　　　　　），他学会了如何（　　　　　）利用（　　　　　）一种假声，掩饰（　　　　　）他那无人不知的暴牙，以及（　　　　　）他的打桩工人（　　　　　）的姿态（　　　　　）。他没有（　　　　　）洪亮（　　　　　）的声音（　　　　　）或是威重的姿态（　　　　　），他也不像有些人那样（　　　　　）具有（　　　　　）惊人的辞令，然而（　　　　　）在当时（　　　　　），他却是（　　　　　）最有力量（　　　　　）的演说（　　　　　）家之一（　　　　　）。

由于（　　　　　）罗斯福没有（　　　　　）在缺陷（　　　　　）面前（　　　　　）退缩（　　　　　）和消沉（　　　　　），而是（　　　　　）充分（　　　　　）、全面（　　　　　）地认识（　　　　　）自己（　　　　　），在意识（　　　　　）到自我（　　　　　）缺陷（　　　　　）的同时（　　　　　），能正确（　　　　　）地评价（　　　　　）自己（　　　　　），在顽强（　　　　　）之中（　　　　　）抗争。不因缺憾（　　　　　）而气馁（　　　　　），甚至（　　　　　）将它加以利用（　　　　　），变为资本（　　　　　），变为扶梯而登上名誉（　　　　　）巅峰。在晚年（　　　　　），已经（　　　　　）很少人知道（　　　　　）他曾有严重（　　　　　）的缺憾（　　　　　）。

努力克服自己的不足

拿破仑的父亲（　　　　　）是一个极高傲（　　　　　）但是穷困（　　　　　）的科西嘉贵族（　　　　　）。父亲（　　　　　）把拿破仑送进了一所在布列讷的贵族（　　　　　）学校（　　　　　），在这里与他往来（　　　　　）的都是一些（　　　　　）在他面前（　　　　　）极力（　　　　　）夸耀自己（　　　　　）富有（　　　　　），而讥讽他穷苦（　　　　　）的同学（　　　　　）。这种（　　　　　）一致（　　　　　）讥讽他的行为（　　　　　），虽然（　　　　　）引起（　　　　　）了他的愤怒（　　　　　），而他却只能（　　　　　）一筹莫展（　　　　　），屈服（　　　　　）在威势之下（　　　　　）。

后来（　　　　　）实在（　　　　　）受不住了，拿破仑写信（　　　　　）

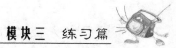

给父亲（　　　　　），说道："为了忍受（　　　　　）这些（　　　　　）外国（　　　　　）孩子（　　　　　）的嘲笑（　　　　　），我实在（　　　　　）疲于解释（　　　　　）我的贫困（　　　　　）了，他们（　　　　　）唯一（　　　　　）高于我的便是金钱（　　　　　），至于（　　　　　）说到高尚（　　　　　）的思想（　　　　　），他们（　　　　　）是远在我之下（　　　　　）的。难道（　　　　　）我应当（　　　　　）在这些（　　　　　）富有（　　　　　）高傲（　　　　　）的人现前谦卑下去（　　　　　）吗？"

　　"我们（　　　　　）没有（　　　　　）钱，但是你必须（　　　　　）在那里读书（　　　　　）。"这是他父亲（　　　　　）的回答（　　　　　），因此（　　　　　）使他忍受（　　　　　）了 5 年的痛苦（　　　　　）。但是每一种（　　　　　）嘲笑（　　　　　），每一种（　　　　　）欺侮（　　　　　），每一种（　　　　　）轻视（　　　　　）的态度（　　　　　），都使他增加（　　　　　）了决心（　　　　　），发誓（　　　　　）要做给他们（　　　　　）看看，他确实（　　　　　）是高于他们（　　　　　）的。他是如何（　　　　　）做的呢？这当然（　　　　　）不是一件容易（　　　　　）的事，他一点（　　　　　）也不空口自夸，他只心里暗暗计划（　　　　　），决定（　　　　　）利用（　　　　　）这些（　　　　　）没有（　　　　　）头脑（　　　　　）却傲慢（　　　　　）的人作为桥梁（　　　　　），使自己（　　　　　）得到（　　　　　）技能（　　　　　）、富有（　　　　　）、名誉（　　　　　）和地位（　　　　　）。

　　等他到了部队（　　　　　）时，看见（　　　　　）他的同伴正在用多余（　　　　　）的时间（　　　　　）追求（　　　　　）女人（　　　　　）和赌博（　　　　　）。而他那不受人喜欢（　　　　　）的体格使他决定（　　　　　）改变（　　　　　）方针（　　　　　），用埋头读书（　　　　　）的方法（　　　　　），去努力（　　　　　）和他们（　　　　　）竞争（　　　　　）。读书（　　　　　）是和呼吸（　　　　　）一样（　　　　　）自由（　　　　　）的。因为（　　　　　）他可以（　　　　　）不花钱在图书馆（　　　　　）里借书读，这使他得到（　　　　　）了很大（　　　　　）的收获（　　　　　）。他并不是读没有（　　　　　）意义（　　　　　）的书，也不是专以读书（　　　　　）来消遣自己（　　　　　）的烦恼（　　　　　），而是为自己（　　　　　）理想（　　　　　）的将来（　　　　　）做准备（　　　　　）。他下定决心（　　　　　）要让全天下（　　　　　）的人知道（　　　　　）自己（　　　　　）的才华（　　　　　）。因此（　　　　　），在他选择（　　　　　）图书（　　　　　）时，也就是（　　　　　）以这种（　　　　　）决心（　　　　　）为选择（　　　　　）的范围（　　　　　）。

他住在一个既小又闷的房间（　　　　　　　　）内。在这里，他面无血色，孤寂，沉闷
（　　　　　　　），但是他却不停地读下去。他想象（　　　　　　）自己（　　　　　）
是一个总司令（　　　　　　　），将科西嘉岛的地图（　　　　　　）画出来（　　　　　　　），
地图（　　　　　　）上清楚（　　　　　　　）地指出（　　　　　　　）哪些（　　　　　）
地方（　　　　　　）应当（　　　　　）布置（　　　　　　）防范（　　　　），这
是用数学（　　　　　　）的方法（　　　　　　）精确（　　　　　　）地计算（　　　　　）
出来（　　　　　）的。因此（　　　　　　），他数学（　　　　　　）的才能（　　　　　）
获得（　　　　　　　）了提高（　　　　　　），这使他第一次（　　　　　）有机会
（　　　　　）表示（　　　　　）他能做什么（　　　　　　）。

　　他的长官（　　　　　　）看见（　　　　　　）拿破仑的知识（　　　　　　）广博，
便派他在操练（　　　　　　）场上执行（　　　　　）一些（　　　　　）工作
（　　　　），这是需要（　　　　　　）极复杂（　　　　　　）的计算（　　　　　）
能力（　　　　　）的。他的工作（　　　　　）做得极好，于是（　　　　　）他
又获得（　　　　　）了新的机会（　　　　　　），拿破仑开始（　　　　　）走上
有权势（　　　　　　）的道路（　　　　　）了。

　　这时，一切（　　　　　　）的情形（　　　　　　）都改变（　　　　　　）了。从
前（　　　　）嘲笑（　　　　　）他的人，现在（　　　　　　）都涌到他面前
（　　　　）来，想分享（　　　　　　）一点（　　　　　）他得的奖励（　　　　　）
金；从前（　　　　）轻视（　　　　　　）他的，现在（　　　　　）都希望
（　　　　　）成为（　　　　　　）他的朋友（　　　　　　）；从前（　　　　　）
挪揄他是一个矮小、无用、死用功的人，现在（　　　　　　）也都改为尊重
（　　　　）他。他们（　　　　　　）都变成（　　　　　）了他的忠心（　　　　　）
拥戴（　　　　　　）者。

　　难道（　　　　）这是天才（　　　　　）所造成（　　　　　　）的奇异
（　　　　）改变（　　　　　　）的吗？抑或是因为（　　　　　　）他不停的工作
（　　　　）而得到（　　　　　）的成功（　　　　　）呢？他确实（　　　　　）
是聪明（　　　　　　），他也确实（　　　　　）是肯下工夫（　　　　　　），不过
（　　　　）还有一种（　　　　　）力量（　　　　　）比知识（　　　　）或
苦工来得更为重要（　　　　　），那就是（　　　　　）他那种（　　　　　）想
超过（　　　　）戏弄（　　　　　）他的人的野心。

　　假使（　　　　）他那些（　　　　　）同学（　　　　）没有（　　　　　）
嘲笑（　　　　）他的贫困（　　　　），假使（　　　　）他的父亲（　　　　　）
允许（　　　　）他退出学校（　　　　　），他的感觉（　　　　　）就不会那

么（   ）难堪（   ）。他之所以（   ）成为（   ）

这么（   ）伟大（   ）的人物（   ），完全（   ）

是由他的一切（   ）不幸（   ）造成（   ）的。他学到了

由克服（   ）自己（   ）的缺憾（   ）而得到（   ）

胜利（   ）的秘诀（   ）。

信任的力量

有一个（   ）年轻（   ）人，好不容易（   ）获得

（   ）一份销售（   ）工作（   ），勤勤恳（   ）

恳干了大半年（   ），非但毫无起色，反而（   ）在几个大项目

（   ）上接连失败（   ）。而他的同事（   ），个个都干出

了成绩（   ）。他实在（   ）忍受（   ）不了这种（   ）

痛苦（   ）。在总经理（   ）办公室（   ），他惭愧（   ）

地说，可能（   ）自己（   ）不适合（   ）这份工作

（   ）。"安心（   ）工作（   ）吧，我会给你足够（   ）

的时间（   ），直到（   ）你成功（   ）为止。到那时，

你再要走我不留你。"老总的宽容（   ）让年轻（   ）人很感动

（   ）。他想，总应该（   ）做出（   ）一两件像样的事来

再走。于是（   ），他在后来（   ）的工作（   ）中多了

一些（   ）冷静（   ）和思考（   ）。

过了一年，年轻（   ）人又走进了老总的办公室（   ）。不过

（   ），这一次他是轻松（   ）的，他已经（   ）连续

（   ）七个月在公司（   ）销售（   ）排行榜中高居榜首，

成了当之无愧的业务（   ）骨干（   ）。原来（   ），这份

工作（   ）是那么（   ）适合（   ）他！他想知道（   ），

当初（   ），老总为什么（   ）会将一个败军之将继续（   ）

留用呢？

"因为（   ），我比你更不甘心（   ）。"老总的回答（   ）

完全（   ）出乎年轻人（   ）的预料（   ）。老总解释

（   ）道："记得当初（   ）招聘（   ）时，公司（   ）

收下 100 多份应聘（   ）材料（   ），我面试了 20 多人，最后

（   ）却只录用（   ）了你一个。如果（   ）接受（   ）

你的辞职（   ），我无疑（   ）是非常（   ）失败（   ）

的。我深信，既然（   ）你能在应聘（   ）时得到（   ）

我的<u>认可</u>（　　　　　）。也一定（　　　　　）有<u>能力</u>（　　　　　）在<u>工作</u>（　　　　　）中<u>得到</u>（　　　　　）<u>客户</u>（　　　　　）的认可（　　　　　），你<u>缺少</u>（　　　　　）的<u>只是</u>（　　　　　）<u>机会</u>（　　　　　）和<u>时间</u>（　　　　　）。与其说我对你仍有<u>信心</u>（　　　　　），倒<u>不如</u>（　　　　　）说我对<u>自己</u>（　　　　　）仍有<u>信心</u>（　　　　　）。我<u>相信</u>（　　　　　）我<u>没有</u>（　　　　　）用错人。"

　　我<u>就是</u>（　　　　　）那个（　　　　　）<u>年轻人</u>（　　　　　）。从老总那里，我<u>懂得</u>（　　　　　）了：给别人以<u>宽容</u>（　　　　　），给<u>自己</u>（　　　　　）以<u>信心</u>（　　　　　），就能<u>成就</u>（　　　　　）一个全新的<u>局面</u>（　　　　　）。

人生的圆圈

　　<u>大约</u>（　　　　　）10年前，我在一家<u>电话</u>（　　　　　）<u>推销</u>（　　　　　）<u>公司</u>（　　　　　）作为<u>业务员</u>（　　　　　）<u>接受</u>（　　　　　）<u>培训</u>（　　　　　）。<u>主管</u>（　　　　　）有一次在<u>培训</u>（　　　　　）课上用一幅图诠释了一个<u>人生</u>（　　　　　）寓意。他<u>首先</u>（　　　　　）在<u>黑板</u>（　　　　　）上画了一幅图：在一个<u>圆圈</u>（　　　　　）<u>中间</u>（　　　　　）站着一个人。接着，他在<u>圆圈</u>（　　　　　）的<u>里面</u>（　　　　　）加上了一座<u>房子</u>（　　　　　）、一辆<u>汽车</u>（　　　　　）、<u>一些</u>（　　　　　）<u>朋友</u>（　　　　　）。

　　<u>主管</u>（　　　　　）说："这是你的<u>舒服</u>（　　　　　）<u>区</u>。这个<u>圆圈</u>（　　　　　）<u>里面</u>（　　　　　）的<u>东西</u>（　　　　　）对你<u>至关重要</u>（　　　　　）：你的<u>住房</u>（　　　　　）、你的<u>家庭</u>（　　　　　）、你的<u>朋友</u>（　　　　　），还有你的<u>工作</u>（　　　　　）。在这个<u>圆圈</u>（　　　　　）里头，人们会觉得自在、<u>安全</u>（　　　　　），<u>远离</u>（　　　　　）<u>危险</u>（　　　　　）或<u>争端</u>（　　　　　）。"

　　"<u>现在</u>（　　　　　），谁能<u>告诉</u>（　　　　　）我，当你跨出<u>这个</u>（　　　　　）圈子后，会<u>发生</u>（　　　　　）<u>什么</u>（　　　　　）？"<u>教室</u>（　　　　　）里顿时（　　　　　）<u>鸦雀无声</u>（　　　　　），一位<u>积极</u>（　　　　　）的<u>学员</u>（　　　　　）<u>打破</u>（　　　　　）<u>沉默</u>（　　　　　）："会<u>害怕</u>（　　　　　）。"另一位<u>认为</u>（　　　　　）："会出错。"这时<u>主管</u>（　　　　　）<u>微笑</u>（　　　　　）着说："当你犯<u>错误</u>（　　　　　）了，其<u>结果</u>（　　　　　）是<u>什么</u>（　　　　　）呢？"<u>最初</u>（　　　　　）<u>回答</u>（　　　　　）<u>问题</u>（　　　　　）的那名<u>学员</u>（　　　　　）大声答道："我会从中学到<u>东西</u>（　　　　　）。"

　　"<u>正是</u>（　　　　　），你会从<u>错误</u>（　　　　　）中学到<u>东西</u>（　　　　　）。当你<u>离开</u>（　　　　　）<u>舒服</u>（　　　　　）区以后（　　　　　），你学到了你<u>以前</u>（　　　　　）不<u>知道</u>（　　　　　）的<u>东西</u>（　　　　　），你<u>增加</u>（　　　　　）了<u>自己</u>（　　　　　）的<u>见识</u>（　　　　　），<u>所以</u>（　　　　　）你<u>进步</u>（　　　　　）

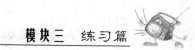

了。"主管（　　　　　）再次（　　　　　　　）转向黑板（　　　　　），在原来（　　　　　）那个（　　　　）圈子之外画了个更大的圆圈（　　　　　　），还加上些新的东西（　　　　　），如更多（　　　　）的朋友（　　　　　）、一座更大的房子（　　　　　）等。

"如果（　　　　　）你老是在自己（　　　　　）的舒服（　　　　）区里头打转，你就永远（　　　　）无法（　　　　　）扩大（　　　　）你的视野（　　　　），永远（　　　　）无法（　　　　　）学到新的东西（　　　　）。只有（　　　　　）当你跨出舒服（　　　　　）区以后（　　　　），你才能（　　　　）使自己（　　　　　）人生（　　　　　）的圆圈（　　　　）变大，你才能（　　　　）把自己（　　　　）塑造成一个更优秀（　　　　　）的人。"

你本人就是第一商品

我遇到（　　　　）了很多（　　　　　）的困难（　　　　　），那一次是我人生（　　　　）第一次（　　　　）尝到没钱的滋味（　　　　　），我连一瓶水都买不起，我实在（　　　　　）渴得不得了，就到自来水（　　　　）龙头那儿，偷看周围（　　　　　）有没有（　　　　　）人，以免被人家看到（　　　　）。于是我假装（　　　　）洗脸，然后（　　　　），趁人不注意（　　　　）我马上（　　　　）用手捧一口水（　　　　）偷喝进去（　　　　）。不过（　　　　），那时我并没有（　　　　　）沮丧（　　　　　）而且（　　　　）认为（　　　　　）自己（　　　　）很聪明（　　　　）!

因为（　　　　），我知道（　　　　）信心（　　　　）不是当你好的时候（　　　　），你说你很有信心（　　　　），信心（　　　　）是当你在情况（　　　　）不好的时候（　　　　），你依然（　　　　）认为（　　　　　）未来（　　　　）更美好（　　　　）。这才叫做真正（　　　　　）的信心（　　　　）。这也是（　　　　）成功（　　　　）销售（　　　　）人员所必备（　　　　）的心理（　　　　）素质（　　　　）。

20 世纪（　　　　）最棒的事，到底（　　　　）是人类（　　　　）到月球（　　　　）上去这个壮举呢？还是通过（　　　　）人类（　　　　）探索（　　　　）月球（　　　　），这个（　　　　）宝贵（　　　　）的科技（　　　　），让每一个地球（　　　　）人清楚（　　　　）地知道（　　　　）人类（　　　　）是有无限（　　　　）潜能（　　　　）的。这的确（　　　　）是一个科技（　　　　）的胜利（　　　　），同时（　　　　），我们（　　　　）仔细（　　　　）地思考（　　　　）一下：其实（　　　　），真正（　　　　）对我们（　　　　）的每个人所产生

（　　　　　）的实际（　　　　　　）意义（　　　　　　）是什么（　　　　　　）？就是（　　　　　）20世纪（　　　　　　）能够（　　　　　）经由改变（　　　　　）你自己（　　　　　　）的思想（　　　　　　）和态度（　　　　　　），进而来改变（　　　　　　）你的人生（　　　　　　）。

在这十年的时间（　　　　　　）里，销售（　　　　　　）已成为（　　　　　）我的朋友（　　　　　　），每时每刻都在我的身边（　　　　　　）。

在我的课程（　　　　　　）中我也讲过，我把销售（　　　　　　）分为两种，一种是有形产品（　　　　　　）的销售（　　　　　　），另一种是无形（　　　　　）产品（　　　　　）的销售（　　　　　　）。那么（　　　　　　）在我的观念（　　　　　）里，我认为（　　　　　　），每一种行业（　　　　　　）都离不开商业（　　　　　　）。

只不过（　　　　　　）有人所经营（　　　　　　）的商品（　　　　　）是有形的，能看到（　　　　　）、能听到、能摸到、能感觉（　　　　　　）得到（　　　　　　），例如（　　　　　）汽车（　　　　　　）、衣服（　　　　　）、食品（　　　　　）……

那么（　　　　　　），还有另一种，就是（　　　　　　）你能听到，你却看不到，摸不到，但是你会有一种（　　　　　　）真正（　　　　　　）的感受（　　　　　　）。它是什么形态（　　　　　　）呢？是方的，是圆的，还是高的，矮的？没有（　　　　　）概念（　　　　　　），但也是一种商品（　　　　　　）。例如律师（　　　　　　）、心理（　　　　　　）咨询（　　　　　　）、课程（　　　　　）、信息（　　　　　　）、保险（　　　　　）……

大家（　　　　　）都知道（　　　　　　），我们（　　　　　　）在销售（　　　　　）任何（　　　　　　）一种商品（　　　　　　）的时候（　　　　　　），中间（　　　　　　）穿越了一个很重要（　　　　　　）的东西（　　　　　　），就是（　　　　　　）你一定（　　　　　　）先要把自己（　　　　　　）销售（　　　　　　）给对方（　　　　　　），所以（　　　　　）我认为（　　　　　　）你本人就是（　　　　　　）第一（　　　　　　）商品（　　　　　）。《吉尼斯世界（　　　　　　）纪录（　　　　　　）大全》的保持者（　　　　　），世界（　　　　　）最伟大（　　　　　　）的推销员（　　　　　）乔·吉拉德曾说："人们买走的不是产品（　　　　　　）而是我，乔·吉拉德。"

可见，如今（　　　　　）市场（　　　　　　）所需要（　　　　　　）的销售员（　　　　　）可不是那种（　　　　　　）街头叫卖，找几个同行假装（　　　　　　）购买（　　　　　），便能招徕顾客（　　　　　）所能行的。

也就是（　　　　　　）说，如果（　　　　　　）说你不能（　　　　　　）把你自己（　　　　　）这个（　　　　　）第二（　　　　　　）商品（　　　　　）销售（　　　　　）出去（　　　　　　），同时（　　　　　　）人家不能够（　　　　　　）

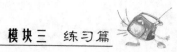

很高兴（　　　　　　）地接受（　　　　　　　）的话，而且（　　　　　）你没有
（　　　　　）让对方（　　　　）发现（　　　　　　　）商品（　　　　　）的好处
（　　　　　）和价值（　　　　　　）的时候（　　　　），他们（　　　　　　）是
绝对（　　　　　　）不会买你的商品（　　　　　　）。

销售（　　　　　）成功（　　　　　　），首先（　　　　　）要销售（　　　　）
你自己（　　　　　）成功（　　　　　　）。

假如（　　　　　　）你卖的不是艺术品（　　　　　　　）的话，顾客（　　　　）
绝对（　　　　　　）不会因为（　　　　）你所卖的商品（　　　　）很漂亮
（　　　　）；或是同情（　　　　　　）你是个刚做销售（　　　　　）的新手；或
是可怜（　　　　）你一个星期（　　　　　）没有（　　　　）业绩（　　　　），
就买你的商品（　　　　），那是不可能（　　　　）的事。

上面所提到的这一重点（　　　　）就是（　　　　）顾客（　　　　）
购买（　　　　　）的动机（　　　　）到底（　　　　　）是什么？各位
（　　　），不妨（　　　　）来听听身边（　　　　）顾客（　　　　）
的心声。

别跟我推销（　　　　　）衣服（　　　　），介绍（　　　　）给我穿上
这件衣服（　　　）所能为我带来（　　　　）的魅力及风格（　　　　）。

别跟我推销（　　　　　）寿险，介绍（　　　　）给我拥有（　　　　）
它时的内心（　　　　）平安（　　　）和全家人未来（　　　　）的保障
（　　　）。

别跟我推销（　　　　）房子（　　　　），介绍（　　　　）我居住
（　　　）时的舒适（　　　　）、满足（　　　　）、理财（　　　）和
自豪（　　　　）。

别跟我推销（　　　　）书籍（　　　　），介绍（　　　　）给我阅读
（　　　）它的欢乐（　　　　）时光（　　　）及知识（　　　）对
我的帮助（　　　）。

别跟我推销（　　　　）玩具（　　　　），介绍（　　　　）给我如何
（　　　）能让孩子（　　　）拥有（　　　　）快乐（　　　）的童
年（　　　）。

别跟我推销（　　　　）电脑（　　　），介绍（　　　　）给我使用
（　　　）时所得到（　　　）现代（　　　）科学技术（　　　）
的神奇（　　　　）威力。

老兄，请你千万，千万，别向我推销（　　　　）东西（　　　　），我会

很烦！除非（   ）你介绍（   ）给我拥有（   ）时的方便

（   ）、舒畅、得意（   ）和快乐（   ）。

人们之所以（   ）愿意（   ）拿辛苦（   ）赚来的钱

换你所带来（   ）的东西（   ），是因为（   ）两个

（   ）理由（   ）：

愉快（   ）的感觉（   ）。

帮我解决（   ）问题（   ）。

不找借口找方法，胜任才是硬道理

他出生（   ）在四川（   ），是穷孩子（   ）出身

（   ），初中（   ）毕业（   ）就外出（   ）打工

（   ）。

1997 年 7 月，他应聘（   ）一家房地产（   ）代理（   ）

公司（   ）的发单员，底薪 300 元，不包吃住，发出的单做成生意

（   ），才有一点提成（   ）。

上班（   ）第一天，老板（   ）讲了很多（   ）鼓励

（   ）大家（   ）的话，其中一句"不找借口（   ）找方

法（   ），胜任才是硬道理（   ）"让他印象（   ）深刻

（   ）。

上班（   ）后，他劲头十足，每天（   ）早晨（   ）

6 时就出门，晚上（   ）12 时还在路边（   ）发宣传（   ）

单。他连续（   ）拼命（   ）干了 3 个月，发出去（   ）

的单子最多（   ），反馈（   ）的信息（   ）也最多

（   ），却没做成一单生意（   ）。为了给自己（   ）打气，

他把老板（   ）告诉（   ）他的那句"不找借口（   ）找

方法（   ），胜任才是硬道理（   ）"写在卡片上，随时（   ）

提醒（   ）自己（   ）。

他的业务（   ）渐渐（   ）多起来（   ），公司

（   ）把他从发单员提拔（   ）为业务员（   ）。当时

（   ），公司（   ）销售（   ）的楼盘是位于北京市

（   ）西三环的高档（   ）写字楼（   ），每平方米

（   ）价值（   ）2 000 美元（   ）。这种（   ）高

档（   ）房，每卖出一套，提成（   ）丰厚（   ）。他暗

自高兴（   ），以为（   ）马上（   ）就能做出（   ）

成绩（　　　　　　）。然而（　　　　　　　　），两个（　　　　　　　）月过去（　　　　　　），他一套房都没卖出去（　　　　　　　）。

　　终于（　　　　　　）有一天，有一名客户（　　　　　　）来找他。他喜忧参半，喜的是终于（　　　　　　）有客户（　　　　　　），忧的是不知（　　　　　　）该如何（　　　　　　）跟客户（　　　　　　）谈。他脸憋得通红，手心直冒汗。但是（　　　　　　），除了简单（　　　　　　）地介绍（　　　　　　）楼盘（　　　　　）的情况（　　　　　　）外，他不知道（　　　　　　）再讲些什么（　　　　　　），只能（　　　　　）傻傻地看着对方（　　　　　　）。结果（　　　　　），客户（　　　　　　）失望地走了。

　　"不找借口（　　　　　　）找方法（　　　　　　），胜任（　　　　　　）才是硬道理（　　　　　　）。"他不断（　　　　　　）地给自己（　　　　　　）鼓劲（　　　　　），开始（　　　　　　）苦练沟通（　　　　　　）技巧（　　　　　），主动（　　　　　　）跟街上的行人说话（　　　　　　），介绍（　　　　　　）楼盘（　　　　　　）。两个（　　　　　　）月后，说话（　　　　　　）能力（　　　　　　）提高（　　　　　　）许多（　　　　　　）。

　　有一天，一个抱着箱子（　　　　　　）的人向他打听（　　　　　　）三里屯的一家酒吧在哪里（　　　　　　）。他热情（　　　　　　）地告诉（　　　　　　）对方（　　　　　　），但对方（　　　　　　）还是没有（　　　　　　）听明白（　　　　　　），他干脆（　　　　　　）领对方（　　　　　　）去，还帮对方（　　　　　　）抱箱子（　　　　　　）。告别（　　　　　　）时，他顺手发一张宣传（　　　　　　）单给对方（　　　　　　）。那个（　　　　　　）人很感兴趣，第二天就找到他购买（　　　　　　）两套房，并说："我平时（　　　　　　）很烦别人（　　　　　　）向我推销（　　　　　　）东西（　　　　　　），但你不同（　　　　　　），值得（　　　　　　）信赖（　　　　　　）。"这一单让他赚到一万元。更让他激动（　　　　　　）的是，他相信（　　　　　　）自己（　　　　　　）能胜任这份工作（　　　　　　）。

　　但他的成绩（　　　　　　）并不好，每个月只能（　　　　　　）卖出一两套房，在业务员（　　　　　　）里属于（　　　　　　）比较（　　　　　　）差的。

　　1998 年 8 月，公司（　　　　　　）组建（　　　　　　）成 5 个销售（　　　　　　）组，采取（　　　　　　）末位淘汰（　　　　　　）制，他处在被淘汰（　　　　　　）的边缘。这时他对"胜任才是硬道理（　　　　　　）"有了深刻（　　　　　　）认识（　　　　　　），要胜任就必须（　　　　　　）找到好方法（　　　　　　）。因此（　　　　　　），当经验（　　　　　　）丰富（　　　　　　）的业务员（　　　　　　）跟客户（　　　　　　）交流（　　　　　　）时，他就坐在旁边（　　　　　　）认真

（　　　　　　）地听，看他们（　　　　　　）如何（　　　　　　）介绍（　　　　　　）楼盘（　　　　　　），如何（　　　　　　）拉近与客户（　　　　　　）的距离（　　　　　　）。他还买了很多（　　　　　　）关于营销（　　　　　　）技巧（　　　　　　）的书来学习（　　　　　　），他学会把握（　　　　　　）客户（　　　　　　）的心理（　　　　　　），判断（　　　　　　）客户（　　　　　　）的需求（　　　　　　），实力（　　　　　　），每次与客户（　　　　　　）交谈（　　　　　　）时都有针对性（　　　　　　）。他的业绩（　　　　　　）开始（　　　　　　）稳步（　　　　　　）上升（　　　　　　）。

　　1999 年 8 月，北京（　　　　　　）另一家公司（　　　　　　）到他所在公司（　　　　　　）挖人，许诺给两倍于现在（　　　　　　）的待遇（　　　　　　），请他过去（　　　　　　）。他仔细（　　　　　　）分析（　　　　　　）形势（　　　　　　），发现（　　　　　　）那家公司（　　　　　　）精英（　　　　　　）众多（　　　　　　），自己（　　　　　　）难以出人头地，谢绝了对方（　　　　　　）的邀请（　　　　　　）。

　　"挖人事件（　　　　　　）"给公司（　　　　　　）造成（　　　　　　）很大（　　　　　　）影响（　　　　　　），留下来的人马上（　　　　　　）都成了公司（　　　　　　）顶梁柱，已有两年（　　　　　　）经验（　　　　　　）的他很快脱颖而出（　　　　　　）。他的一个客户（　　　　　　）想买写字（　　　　　　）楼台，拿不定主意（　　　　　　）。他知道（　　　　　　）后，给这个（　　　　　　）客户（　　　　　　）做了一个报告（　　　　　　），详细（　　　　　　）分析（　　　　　　）各楼盘（　　　　　　）的特点（　　　　　　），同时（　　　　　　）告诉（　　　　　　）客户（　　　　　　），他的楼盘（　　　　　　）的性价比优势（　　　　　　）在哪里（　　　　　　）。客户（　　　　　　）最终（　　　　　　）决定（　　　　　　）在他的楼盘（　　　　　　）里买下一个大面积（　　　　　　）的写字楼（　　　　　　）。这一单，卖出了 2 000 万元。

　　此后（　　　　　　），他所带团队（　　　　　　）的业绩（　　　　　　）一直（　　　　　　）名列前茅（　　　　　　），他的收入（　　　　　　）自然（　　　　　　）提高（　　　　　　），每年（　　　　　　）的收入（　　　　　　）都在 100 万元上。

附录 1　98 版五笔字型汉字输入法简介

　　五笔字型输入法有两个版本："86 版五笔字型汉字输入法"与"98 版五笔字型汉字输入法"（有人按"86 版五笔"的习惯叫做"98 版五笔"）。"86 版五笔字型汉字输入法"和"98 版五笔字型汉字输入法"的编码规则和输入规则基本相同，这里不再重复叙述，仅就两个版本明显不同的地方加以介绍。

1．"86 版五笔字型汉字输入法"的缺点

　　"86 版五笔"经过多年的推广使用，已获得了相当的成功，但随着时间的推移，也逐渐显现出下面几个方面的不足之处。

　　（1）只能处理 6 763 个国标简体汉字，不能处理繁体汉字，所以不能满足所有需要。

　　（2）对于部分规范字根不能做到整字取码，如"夫"字、"末"字等。

　　（3）有些汉字的分解和笔画顺序不完全符合语言文字规范，例如汉字"我"在"86 版五笔"中，规定最后一个笔画为"撇"而不是"点"。

　　（4）编码时需要对汉字进行拆分，有些汉字是不能进行随意拆分的。

2．"98 版五笔字型汉字输入法"的特点

　　由于"98 版五笔"是在"86 版五笔"的基础上发展而来的，因此，在"98 版五笔"软件中除包含了原"86 版五笔"的特点外，还具有以下几个新特点。

　　（1）动态取字造词或批量造词。在编辑文章的过程中，可随时从屏幕上取字造词，并按编码规则自动合并到原词库中一起使用；也可利用"98 版五笔"提供的"词库生成器"进行批量造词。

　　（2）允许编辑编码表。根据不同的需要可对五笔字型编码和五笔笔画编码进行直接编辑修改。

　　（3）实现内码转换。不同的中文平台所使用的内码并非都是一致的，利用"98 版五笔"提供的"内码文本转换器"可进行内码转换，以兼容不同的中文平台。不同的中文系统往往采用不同的机内码标准，如 GB 码（国标码）、我国台湾的 BIG-5 码（大五码）等标准，不同内码标准的汉字系统字符集往往是不相同的。"98 版五笔"为了适应多种中文系统平台，提供了多种字符集的处理功能。

3．"98 版五笔字型输入法"与"86 版五笔字型输入法"的区别

　　"98 版五笔"在"86 版五笔"的基础上有很多改进，"98 版五笔"的编码方案更合理，但"86 版五笔"则更通用，两者的主要区别如下。

　　（1）"98 版五笔"处理的汉字数量比以前多。在"98 版五笔"中增加了英文字符小写时输入简体，大写时输入繁体这一专利技术。"98 版五笔"除了处理国标简体中的 6 763 个标准

汉字外，还可处理 BIG-5 码中的 13 053 个繁体字及大字符集中的 21 003 个字符等。

（2）"98 版五笔"码元规范。由于"98 版五笔"创立了一个将相容性（编码重码率降至最低）、规律性（确保五笔字型易学易用）和协调性（键位码元分配与手指功能特点协调一致）三者相统一的理论。因此，设计出的"98 版五笔"的编码码元以及笔画顺序都完全符合语言规范。

（3）"98 版五笔"编码规则简单明了。"98 版五笔"利用其独创的"无拆分编码法"，将总体形似的笔画结构归结为同一码元，一律用码元来描述汉字笔画结构的特征。因此，在对汉字进行编码时，无需对整字进行拆分，而是直接用码元取码。

（4）在"98 版五笔"中，码元总共有 150 多个。这些码元被很有规律地安排在标准键盘除【Z】键之外的 25 个键上。为了便于记忆，"98 版五笔"把汉字笔画分为 5 大类，并把有同样或相似笔画的字根安排在这五大区里。"98 版五笔"增加了大量的有用的字根，像"夫"，有了它使"潜"、"扶"等字特别容易输入；有了"甫"，使"浦"、"簿"、"敷"等字变得十分容易输入；有了"甘"、"丘"、"未"、"母"、"皮"等字根，使得许多字变得更易于理解录入了，字根也看得更清晰了。"98 版五笔"的字根键盘图和字根助记词如图附-1 所示。

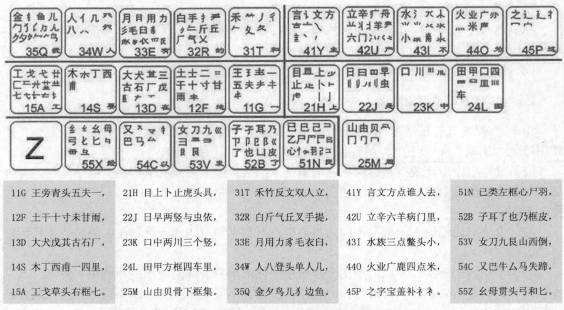

图附-1 "98 版五笔"的字根键盘图和字根助记词

虽然"98 版五笔"存在如此多的优点，但由于习惯的原因，"86 版五笔"现仍在普遍使用，"98 版五笔"的优势未能充分发挥。

附录2 五笔字型二级简码表

二级简码字的简码和其全码的前两位相同，即只用前两个字根编码，具有二级简码的汉字如下。

第二码 第一码	G F D S A	H J K L M	T R E W Q	Y U I O P	N B V C X
G	五于天末开	下理事画现	玫珠表珍列	玉平不来	与屯妻到互
F	二寺城霜载	直是吉协南	才垢圾夫无	坟增示赫过	志地雪支
D	三夯大厅左	丰百右历成	帮原胡春克	太磁砂灰达	成顾肆友龙
S	本村枯林械	相查可楞机	格析极检构	术样档杰棕	杨李要权楷
A	七革基苛式	牙划或功贡	攻匠菜共区	芳燕东 芝	世节切芭药
H	睛睦睚盯虎	止旧占卤贞	睡睥肯具餐	眩瞳步眯瞎	卢 眼皮此
J	量时晨果虹	早昌蝇曙遇	昨蝗明蛤晚	景暗晃显晕	电最归紧昆
K	呈叶顺呆呀	中虽吕另员	呼听吸只史	嘛啼吵噗喧	叫啊哪吧哟
L	车轩因困轼	四辊加男轴	力斩胃办罗	罚较 辚边	思团轨轻累
M	同财央朵曲	由则 崭册	几贩骨内风	凡赠峭赕迪	岂邮 凤嶷
T	生行知条长	处得各务向	笔物秀答称	入科秒秋管	秘季委么第
R	后持拓打找	年提扣押抽	手折扔失换	扩拉朱搂近	所报扫反批
E	且肝须采肛	胖胆肿肋肌	用遥朋脸胸	及胶膛膦爱	甩服妥肥脂
W	全会估休代	个介保佃仙	作伯仍从你	信们偿伙	亿他分公化
Q	钱针然钉氏	外旬名锣负	儿铁角欠多	久匀乐炙锭	包凶争色
Y	主计庆订度	让刘训为高	放诉衣认义	方说就变这	记离良充率
U	闰半关亲并	站间部曾商	产瓣前闪交	六立冰普帝	决闻妆冯北
I	汪法尖洒江	小浊澡渐没	少泊肖兴光	注洋水淡学	沁池当汉涨
O	业灶类灯煤	粘烛炽烟灿	烽煌粗伙炮	米料炒炎迷	断籽娄烃糨
P	定守害宁宽	寂审宫军宙	客宾家空宛	社实宵灾之	官 字安它
N	怀导居 民	收慢避惭届	必怕 愉懈	心习悄屡忱	忆敢恨怪尼
B	卫际承阿陈	耻阳职阵出	降孤阴队隐	防联孙耿辽	也子限取陛
V	姨寻姑杂毁	叟旭如舅妞	九 奶 婚	妨嫌录灵巡	刀好妇妈姆
C	骊对参骠戏	骒台劝观	矣牟能难允	驻 骈 驼	马邓艰双
X	线结顷 红	引旨强细纲	张绵级给约	纺弱纱继综	纪弛绿经比

附录3　五笔字型常用字字典

A

吖 kuh

阿 bs

啊 kb

嘎 kdht

AI

哎 kaq

哀 yeu

唉 kct

埃 fct

挨 rct

捱 rdff

皑 rmnn

癌 ukk

矮 tdtv

蔼 ayj

霭 fyjn

艾 aqu

爱 ep

隘 buw

嫒 vepc

碍 djg

暖 jep

AN

安 pv

氨 rnp

庵 ydjn

鹌 djng

鞍 afp

俺 wdjn

掩 fdj

岸 mdfj

按 rpv

案 pvs

胺 epv

暗 ju

黯 lfoj

ANG

肮 eym

昂 jqb

盎 mdl

AO

凹 mmgd

坳 fxl

敖 gqty

嗷 kgqt

獒 gqtd

遨 rytp

熬 gqto

翱 rdfn

鳌 gqtj

鏊 gqtg

拗 rxl

袄 put

傲 wgqt

奥 tmo

懊 gqtc

澳 itm

懊 ntm

BA

八 wty

巴 cnh

叭 kwy

扒 rwy

吧 kc

芭 ac

疤 ucv

捌 rklj

笆 tcb

粑 ocn

拔 rdc

跋 khdc

把 rcn

钯 qcn

靶 afc

坝 fmy

爸 wqcb

罢 lfc

霸 faf

BAI

掰 rwvr

白 rrr

百 dj

佰 wdjg

柏 srg

摆 rlf

呗 kmy

败 mty

拜 rdfh

BAN

扳 rrc

班 gyt

般 tem

颁 wvdm

斑 gyg

搬 rte

阪 brcy

坂 frc

板 src

版 thgc

办 lw

半 ufk

伴 wufh

扮 rwv

拌 rufh

瓣 urcu

BANG

邦 dtb

帮 dt

梆 sdt

浜 irgw

BAN

绑 xdtb

榜 sup

膀 eup

傍 wupy

谤 yupy

蚌 jdh

棒 sdwh

蒡 aupy

磅 dup

镑 qup

BAO

包 qn

孢 bqn

苞 aqn

胞 eqn

煲 wkso

雹 fqn

宝 pgy

饱 qnqn

保 wksy

鸨 xfq

葆 awk

褓 puws	蓓 awuk	必 nt	鞭 afw	**BIE**	并 ua
报 rb	**BEN**	闭 uft	贬 mtp	憋 umin	病 ugm
抱 rqn	奔 dfa	哔 kxxf	卞 yhi	鳖 umig	摒 rnua
豹 eeqy	贲 fam	陛 bx	弁 caj	别 klj	**BO**
趵 khqy	本 sg	婢 vrt	汴 iyh	蹩 umih	拨 rnt
鲍 qgq	苯 asg	敝 umi	便 wgj	瘪 uthx	波 ihc
暴 jaw	笨 tsg	弼 xdj	变 yocu	**BIN**	玻 ghc
爆 oja	**BENG**	愎 ntjt	遍 ynm	宾 pr	剥 vijh
BEI	崩 mee	痹 ulgj	扁 ynma	彬 sse	钵 qsg
陂 bhc	绷 xee	蓖 atl	辨 uyt	斌 ygah	饽 qnfb
卑 rtfj	嘣 kme	裨 pur	辩 uyu	缤 spr	啵 kih
杯 sgi	甭 gie	辟 nku	辫 uxu	滨 ipr	伯 wr
悲 djdn	泵 diu	辫 uxu	**BIAO**	槟 spr	泊 ir
碑 drt	进 uap	弊 umia	彪 hame	濒 ihim	脖 efp
北 ux	蹦 khme	碧 grd	标 sfi	殡 gqp	菠 aih
贝 mhny	**BI**	蔽 aum	膘 csfi	鬓 depw	播 rtol
狈 qtmy	逼 gklp	避 nk	膘 esf	**BING**	驳 cqq
备 tlf	荸 afpb	濞 ithj	镖 qsf	冰 ui	帛 rmh
背 uxe	鼻 thl	臂 nkue	飙 dddq	兵 rgw	泊 ir
钡 qmy	匕 xtn	璧 nkuy	飚 mqo	丙 gmw	勃 fpb
倍 wukg	比 xx	**BIAN**	镳 qyno	邴 gmwb	铂 qrg
悖 nfpb	吡 kxx	边 lp	表 ge	秉 tgv	舶 ter
被 puhc	彼 thc	砭 dtp	婊 vgey	柄 sgm	博 fge
惫 tln	笔 tt	编 xyna	裱 puge	炳 ogm	博 fge
焙 ouk	鄙 kfl	煸 oyna	鳔 qgs	饼 qnu	渤 ifp
辈 djdl	币 tmh	蝙 jyna		禀 ylki	鹁 fpbg
		鳊 qgya			

搏 rgef
箔 tir
膊 egef
薄 aig
礴 dai
跛 khhc
簸 tadc
檗 nkus

BU

卜 hhy
补 puh
哺 kge
捕 rge
不 i
布 dmh
步 hi
怖 ndm
部 uk
埠 fwn
簿 tig

CA

嚓 kpw
擦 rpwi

CAI

猜 qtge
才 ft

材 sft
财 mf
裁 fay
采 es
彩 ese
睬 hes
踩 khes
菜 ae
蔡 awf

CAN

参 cd
骖 ccd
餐 hq
残 gqg
蚕 gdj
惭 nl
惨 ncd
灿 om
孱 nbbb
璨 ghq

CANG

仓 wbb
沧 iwb
苍 awb
舱 tew
藏 adnt

CAO

操 rkk
糙 otf
曹 gma
嘈 kgmj
漕 igmj
槽 sgmj
草 ajj

CE

册 mm
侧 wmjh
厕 dmjk
恻 nmj
测 imj
策 tgm

CEN

岑 mwyn
涔 imw

CENG

噌 kul
层 nfc
曾 ul
蹭 khuj

CHA

叉 cyi
权 scyy
插 rtf

查 sj
苙 adhf
茶 aws
搽 raws
楂 qts
察 pwfi
碴 dsj
衩 puc
汊 ic
岔 wvmj
诧 ypta
姹 vpt
差 uda

CHAI

拆 rry
钗 qcy
柴 hxs
豺 eef

CHAN

觇 hkm
掺 rcd
搀 rqku
婵 vuj
谗 yqk
缠 xyj
蝉 jujf

𰌕 yqvg
颤 ylkm
孱 nbb
禅 pyuf
馋 qnqu
蝉 jujf
潺 inbb
蟾 jqd
产 u
铲 qut
阐 uuj
忏 ntfh

CHANG

昌 jj
娼 vjj
猖 qtjj
鲳 qgjj
长 ta
肠 enr
尝 ipf
常 ipkh
徜 tim
嫦 viph
厂 dgt
场 fnrt
偿 wi

𱨲 ynij
倡 wjjg
伥 wtay
惝 nim
敞 imkt
怅 nta
畅 jhnr
唱 kjj

CHAO

抄 rit
钞 qit
焯 ohj
超 fhv
晁 jiqb
巢 vjs
朝 fje
嘲 kfj
潮 ifj
吵 ki
炒 oi

CHE

车 lg
扯 rhg
彻 tavn
掣 rmhr
撤 ryc

澈 iyct

CHEN

抻 rjh

郴 ssb

琛 gpw

嗔 kfhw

尘 iff

臣 ahn

忱 np

沉 ipm

辰 dfe

陈 ba

宸 pdfe

晨 jd

谌 yadn

龀 hwbx

闯 ucd

衬 puf

称 tq

趁 fhwe

CHENG

蛏 jcfg

撑 rip

瞠 hip

丞 big

成 dn

呈 kg

承 bd

诚 yfd

城 fd

乘 tux

惩 tghn

程 tkgg

澄 iwgu

橙 swgu

逞 kgp

骋 cmg

秤 tgu

CHI

吃 ktn

哧 kfo

苔 ack

嗤 kbhj

痴 utdk

池 ib

驰 cbn

迟 nyp

茌 awff

持 rf

匙 jghx

踟 khtk

尺 nyi

齿 hwb

耻 bh

敨 gkuc

叱 kxn

斥 ryi

赤 fo

炽 ok

侈 wqqy

翅 fcn

CHONG

冲 ukh

充 ycqb

重 tgj

仲 nkh

春 dwv

憧 nujf

虫 jhny

崇 mpf

宠 pdx

CHOU

抽 rm

瘳 unwe

惆 nmf

畴 ldt

愁 tonu

稠 tmfk

筹 tdtf

酬 sgyh

仇 wvn

绸 xmfk

丑 nfd

瞅 hto

臭 thdu

CHU

出 bm

初 puvn

除 bwt

厨 dgkf

滁 ibw

锄 qegl

蜍 jwt

雏 qvw

橱 sdgf

杵 stfh

础 dbm

楚 ssnh

褚 pufj

处 th

怵 nsy

触 qejy

黜 lfom

蠢 fhfh

CHUAI

揣 rmd

啜 kccc

嘬 kjb

踹 khmj

CHUAN

川 kthh

穿 pwat

传 wfny

船 temk

椽 sxe

喘 kmd

串 kkh

钏 qkh

CHUANG

疮 uwb

窗 pwt

闯 ucd

床 ysi

创 wbj

怆 nwb

CHUI

吹 kqw

炊 oqw

垂 tga

陲 btgf

捶 rtgf

槌 swnp

锤 qtgf

CHUN

春 dw

椿 sdwj

纯 xgbn

鹑 ybqg

唇 dfek

淳 iyb

醇 sgyb

蠢 dwjj

CHUO

踔 khhj

绰 xhj

戳 nwya

辍 lccc

龊 hwbh

CI

呲 khxn

疵 uhx

祠 pynk

词 yngk

伺 wng

茨 auqw

瓷 uqwn

慈 uxxn　蹙 dhih　磋 dud　**DAI**　疸 ujg　盗 uqwl

辞 tduh　蹴 khyn　撮 rjb　呆 ks　掸 rujf　道 uthp

磁 du　**CUAN**　蹉 khua　歹 gqi　旦 jgf　稻 tev

雌 hxw　汆 tyiu　嵯 mud　代 wa　惮 nuj　**DE**

鹚 uxxg　撺 rpwh　痤 uww　岱 wamj　淡 io　得 tj

糍 oux　蹿 khph　矬 tdw　带 gkp　蛋 nhj　德 tfl

此 hx　窜 pwk　脞 ewwf　待 tffy　氮 rno　的 r

次 uqw　篡 thdc　挫 rww　怠 ckn　**DANG**　**DENG**

刺 gmij　**CUI**　措 rajg　殆 gqc　当 iv　灯 os

赐 mjqr　崔 mwy　锉 qww　贷 wam　裆 puiv　噔 kwgu

CONG　催 wmw　错 qaj　傣 wdw　挡 riv　蹬 khwu

匆 qryi　摧 rmw　**DA**　袋 waye　铛 qiv　等 tffu

囱 tlqi　璀 gmwy　哒 kdp　逮 vip　党 ipkq　邓 cb

从 ww　脆 eqd　耷 dbf　戴 falw　砀 dnr　登 wgku

葱 aqrn　啐 kyw　搭 rawk　黛 wal　荡 ain　凳 wgkm

聪 bukn　悴 nywf　嗒 kawk　**DAN**　档 si　瞪 hwg

淙 ipfi　萃 ayw　褡 pua　丹 myd　**DAO**　**DI**

琮 gpfi　粹 oyw　达 dp　单 ujfj　刀 vn　羝 udq

COU　翠 nywf　妲 vjg　担 rjg　叨 kvn　堤 fjgh

凑 udw　**CUN**　沓 ijf　眈 hpq　导 nf　嘀 kum

CU　村 sf　笪 tjgf　诞 ythp　岛 qynm　滴 ium

粗 oe　存 dhb　答 tw　弹 xuj　倒 wgc　狄 qtoy

促 wkhy　忖 nfy　瘩 uaw　郸 ujfb　捣 rqym　迪 mp

猝 qtyf　寸 fghy　靼 afdp　殚 gqu　蹈 khev　敌 tdt

醋 sgaj　**CUO**　打 rs　阐 uuj　到 gc　涤 its

簇 tytd　搓 rud　大 dd　胆 ej　悼 nhjh　笛 tmf

嫡 vum	碘 dma	迭 rwp	咚 ktuy	度 yac	兑 ukqb
邸 qayb	电 jn	爹 wqqq	董 atg	渡 iya	**DUN**
抵 rqa	佃 wl	谍 yans	懂 nat	渎 ifnd	吨 kgb
低 wqa	店 yhk	喋 kans	动 fcl	椟 sfn	墩 fyb
诋 yqay	甸 ql	叠 cccg	侗 wmgk	牍 thgd	礅 dyb
底 yqa	垫 rvyf	牒 thgs	冻 uai	犊 trfd	蹲 khuf
谛 yuph	玷 ghk	碟 dan	恫 nmg	独 qtj	盹 hgb
缔 xup	钿 qlg	蝶 jan	栋 sai	笃 tcf	趸 dnk
地 f	惦 nyh	**DING**	洞 imgk	堵 fft	囤 lgb
弟 uxh	淀 ipgh	丁 sgh	胴 emg	赌 mftj	沌 igb
帝 up	奠 usgd	叮 ksh	**DOU**	睹 hft	炖 ogbn
娣 vux	殿 naw	仃 wsh	都 ftjb	妒 vynt	盾 rfh
递 uxhp	靛 geph	订 ysh	兜 qrnq	杜 sfg	砘 dgb
第 tx	**DIAO**	町 lsh	斗 ufk	肚 efg	钝 qgbn
棣 svi	刁 ngd	盯 hs	抖 rufh	渡 iya	顿 gbnm
蒂 aup	叼 kng	钉 qs	陡 bfh	镀 qya	遁 rfhp
DIA	凋 umf	顶 sdm	蚪 jufh	**DUAN**	**DUO**
嗲 kwq	貂 eev	鼎 hnd	豆 gku	端 umd	多 qq
DIAN	碉 dmf	定 pg	逗 gkup	短 tdg	咄 kbm
掂 ryh	雕 mfky	腚 epg	痘 ugku	断 on	哆 kqq
滇 ifhw	鲷 qgm	锭 qp	窦 pwfd	缎 xwdc	夺 df
颠 fhwm	吊 kmh	**DIU**	**DU**	锻 qwd	掇 rcc
巅 mfh	钓 qqyy	丢 tfc	嘟 kftb	**DUI**	踱 khyc
癫 ufhm	掉 rhj	**DONG**	督 hich	堆 fwy	朵 ms
典 maw	**DIE**	东 ai	毒 gxgu	队 bw	垛 fms
点 hko	跌 khr	冬 tuu	读 yfn	对 cf	躲 tmds

剁 msj　　　鳄 qgkn　　　**FAN**　　　仿 wyn　　　费 xjm　　　封 fffy

堕 bdef　　　**EI**　　　帆 mhm　　　访 yyn　　　沸 ixj　　　疯 umq

舵 tepx　　　诶 yctd　　　番 tol　　　纺 xy　　　狒 qtx　　　峰 mtd

惰 nda　　　**EN**　　　幡 mhtl　　　放 yt　　　肺 egm　　　烽 ot

跥 khm　　　恩 ldn　　　翻 toln　　　防 by　　　痱 udjd　　　锋 qtd

E　　　嗯 kldn　　　藩 aitl　　　妨 vy　　　**FEN**　　　蜂 jtd

屙 nbs　　　摁 rld　　　凡 my　　　肪 eyn　　　吩 kwv　　　冯 uc

讹 ywxn　　　**ER**　　　矾 dmy　　　彷 tyn　　　分 wv　　　逢 tdh

俄 wtr　　　儿 qt　　　烦 odm　　　舫 teyn　　　纷 xwv　　　缝 xtdp

娥 vtr　　　而 dmj　　　樊 sqqd　　　**FEI**　　　份 wwvn　　　讽 ymq

峨 mtr　　　尔 qiu　　　蕃 ato　　　飞 nui　　　忿 wvnu　　　俸 kdw

鹅 trng　　　耳 bgh　　　繁 txgi　　　妃 vnn　　　偾 wfam　　　凤 mc

蛾 jtr　　　洱 ibg　　　反 rc　　　非 djd　　　芬 awv　　　奉 dwf

额 ptkm　　　饵 qnbg　　　返 rcp　　　啡 kdj　　　氛 rnw　　　**FO**

厄 dbv　　　二 fg　　　犯 qtbn　　　菲 adj　　　酚 sgw　　　佛 wxj

呃 kdb　　　贰 afm　　　泛 itp　　　蜚 djdj　　　坟 fy　　　**FOU**

扼 rdb　　　**FA**　　　饭 qnr　　　霏 fdjd　　　汾 iwv　　　缶 rmk

恶 gogn　　　发 v　　　范 aib　　　肥 ec　　　焚 sso　　　**FU**

饿 qnt　　　乏 tp　　　贩 mr　　　匪 adjd　　　粉 ow　　　夫 fw

谔 ykkn　　　伐 wat　　　畈 lrc　　　斐 djdy　　　奋 dlf　　　肤 efw

鄂 kkfb　　　罚 ly　　　梵 ssm　　　翡 djdn　　　愤 nfa　　　趺 khf

愕 nkk　　　阀 uwa　　　**FANG**　　　吠 kdy　　　粪 oawu　　　麸 gqfw

萼 akkn　　　筏 twa　　　坊 fyn　　　绯 xdjd　　　**FENG**　　　稃 tebg

遏 jqwp　　　法 if　　　芳 ay　　　扉 yndd　　　丰 dh　　　跗 khwf

腭 ekk　　　砝 dfcy　　　方 yygn　　　诽 ydjd　　　风 mq　　　孵 qytb

噩 gkkk　　　　　　　邡 ybh　　　废 ynty　　　枫 smq　　　敷 geht

弗 xjk

伏 wdy

孚 ebf

扶 rfw

芙 afwu

拂 rxjh

服 eb

俘 webg

氟 rnx

茯 awd

浮 ieb

匐 qgk

涪 iuk

符 twf

袱 puwd

幅 mhg

福 pyg

蜉 jeb

辐 lgk

蝠 jgkl

抚 rfq

甫 geh

府 ywfi

斧 wqrj

俯 wyw

釜 wqf

腐 ywfw

父 wqu

拊 rwf

脯 ege

辅 lgey

腑 eyw

妇 vv

负 qm

附 bwf

咐 kwf

驸 cwf

复 tjt

赴 fhh

副 gkl

富 pgk

赋 mga

讣 why

付 wfy

阜 wnnf

傅 wge

缚 xge

腹 etj

蝮 jtjt

覆 stt

馥 tjtt

GA

旮 vjf

嘎 kdh

尬 dnw

GAI

该 yynw

改 nty

丐 ghn

钙 qgh

盖 ugl

概 svc

GAN

干 fggh

甘 afd

杆 sfh

肝 ef

泔 iaf

柑 saf

竿 tfj

尴 dnjl

秆 tfh

赶 fhfk

敢 nb

感 dgkn

赣 ujt

GANG

冈 mqi

刚 mqj

岗 mmq

纲 xmq

肛 ea

缸 rma

钢 qmq

港 iawn

杠 sag

GAO

皋 rdfj

羔 ugo

高 ymkf

睾 tlff

膏 ypke

篙 tymk

糕 ougo

杲 jsu

搞 rym

稿 tym

镐 qym

藁 ayms

告 tfkf

诰 ytfk

郜 tfkb

GE

戈 agnt

刚 mqj

疙 utn

哥 sks

胳 etk

鸽 wgkg

割 pdhj

搁 rut

歌 sksw

阁 utk

革 af

格 st

葛 ajq

蛤 jw

隔 bgk

嗝 kgkh

膈 egk

骼 met

各 tk

个 wh

咯 ktk

GEI

给 xw

GEN

根 sve

跟 khv

亘 gjg

艮 vei

GENG

更 gjq

庚 yvw

耕 dif

赓 yvwm

羹 ugod

哽 kgj

埂 fgj

耿 bo

梗 sgjq

鲠 qggq

GONG

工 a

弓 xng

公 wc

功 al

攻 at

供 waw

宫 pk

恭 awnu

蚣 jwc

躬 tmdx

龚 dxa

觥 qei

巩 amy

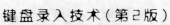
汞 aiu　　箍 tra　　**GUAI**　　**GUI**　　**GUO**　　邴 fbh

拱 raw　　古 dgh　　乖 tfnx　　归 jv　　郭 ybbh　　含 wynk

共 aw　　泪 ijg　　拐 rkl　　圭 fff　　聒 btd　　颔 wynm

贡 am　　诂 ydg　　怪 nc　　龟 qjn　　锅 qkm　　邯 afb

GOU　　谷 wwk　　**GUAN**　　规 fwm　　蝈 jlg　　函 bib

勾 qci　　股 emc　　关 ud　　皈 rrcy　　国 l　　晗 jwyk

沟 iqc　　牯 trdg　　观 cm　　闺 uffd　　帼 mhl　　涵 ibi

钩 qqcy　　骨 me　　官 pn　　硅 dff　　掴 rlgy　　寒 pfj

篝 tfjf　　蛊 jlf　　冠 pfqf　　瑰 grq　　果 js　　韩 fjfh

狗 qtq　　鼓 fkuc　　倌 wpn　　鲑 qgff　　过 fp　　罕 pwf

苟 aqj　　固 ldd　　棺 spn　　轨 lv　　**HA**　　喊 kdgt

枸 sqk　　故 dty　　馆 qnp　　诡 yqdb　　蛤 jwgk　　汉 ic

构 sq　　顾 db　　管 tp　　癸 wgd　　哈 kwg　　汗 ifh

购 mqc　　梏 stfk　　贯 xfm　　鲑 qgff　　**HAI**　　旱 jfj

佝 wqkg　　雇 ynwy　　惯 nxf　　桧 swfc　　嗨 kitu　　悍 njf

垢 fr　　呱 krc　　盥 qgi　　鬼 rqc　　孩 bynw　　焊 ojf

够 qkqq　　**GUA**　　灌 iak　　柜 san　　骸 mey　　菡 abib

GU　　瓜 rcy　　罐 rmay　　炅 jou　　海 itx　　憾 ndgn

估 wd　　刮 tdjh　　**GUANG**　　贵 khgm　　亥 yntw　　翰 fjw

咕 kdg　　呱 krc　　光 iq　　桂 sff　　骇 cynw　　瀚 ifjn

姑 vd　　剐 kmwj　　咣 kiq　　跪 khqb　　害 pd　　**HANG**

孤 br　　寡 pde　　胱 eiq　　**GUN**　　氦 rnyw　　夯 dlb

沽 idg　　卦 ffhy　　广 yygt　　衮 uceu　　**HAN**　　杭 sym

鸪 dqyg　　挂 rffg　　犷 qtyt　　辊 lj　　酣 sgaf　　航 tey

菇 avd　　褂 pufh　　逛 qtgp　　滚 iuc　　憨 nbtn　　**HAO**

辜 duj　　　　　　棍 sjx　　鼾 thlf　　蒿 aym

蚝 jtf	荷 awsk	衡 tqdh	弧 xrc	化 wxrl	患 kkhn
毫 yptn	涵 ild	**HONG**	狐 qtr	划 aj	焕 oqm
豪 ypeu	菏 ais	轰 lcc	胡 de	画 gl	痪 uqm
嚎 kype	盒 wgkl	哄 kaw	壶 fpo	桦 swx	**HUANG**
壕 fyp	蚵 jsk	烘 oaw	斛 qeu	**HUAI**	荒 aynq
濠 iyp	褐 pujn	弘 xcy	湖 ide	怀 ng	慌 nay
好 vb	鹤 pwyg	讧 yag	猢 qtde	徊 tlk	皇 rgf
郝 fob	阖 ufc	宏 pdc	葫 adef	淮 iwy	凰 mrgi
号 kgn	贺 lkm	泓 ixc	煳 odeg	槐 srq	隍 brg
昊 jgd	褐 pujn	洪 iaw	瑚 gde	踝 khjs	黄 amw
浩 itfk	赫 fof	虹 ja	糊 ode	坏 fgi	徨 trg
耗 ditn	鹤 pwy	鸿 iaqg	虎 ha	**HUAN**	惶 nrgg
皓 rtfk	鏊 hpg	**HOU**	浒 iytf	欢 cqw	煌 or
灏 ijym	**HEI**	喉 kwn	唬 kham	獾 qtay	潢 iam
HE	黑 lfo	猴 qtw	琥 gha	还 gip	璜 gamw
呵 ksk	嘿 klf	吼 kbn	互 gx	环 ggi	蝗 jr
喝 kjq	**HEN**	后 rg	户 yne	桓 sgjg	癀 uam
嗬 kawk	痕 uve	侯 wnt	护 ryn	寰 plg	磺 dam
禾 ttt	很 tve	候 whn	沪 iyn	鬟 del	簧 tamw
诃 ysk	狠 qtv	厚 djb	扈 ynkc	缓 xef	蟥 jam
合 wgk	恨 nv	**HU**	**HUA**	幻 xmn	恍 niq
何 wskg	**HENG**	乎 tuh	花 awx	宦 pah	晃 ji
劾 yntl	哼 kyb	呼 kt	华 wxfj	唤 kqm	谎 yayq
和 t	亨 ybj	忽 qrn	骅 cwx	换 rq	幌 mhjq
河 isk	恒 ngj	惚 nqr	滑 ime	浣 ipfq	**HUI**
核 synw	横 sam	囫 lqr	猾 qtm	涣 iqmd	灰 do

恢 ndo	慧 dhd	**JI**	及 ey	剂 yjjh	家 pe
挥 rpl	**HUN**	讥 ymn	吉 fk	继 xo	猁 ulkd
晖 jplh	昏 qajf	击 fmk	岌 meyu	妓 vfc	葭 anhc
辉 iqpl	荤 aplj	叽 kmn	汲 iey	忌 nnu	嘉 fkuk
徽 tmgt	婚 vq	饥 qnm	级 xe	技 rfc	荚 aguw
回 lkd	诨 yplh	圾 fe	即 vcb	际 bf	戛 dha
洄 ilk	浑 ipl	机 sm	极 se	季 tb	颊 guwm
茴 alkf	馄 qnjx	肌 em	亟 bkc	既 vca	伽 wlkg
蛔 jlk	魂 fcr	芨 aey	急 qvn	洎 ithg	佳 wffg
悔 ntx	混 ijx	矶 dmn	笈 teyu	济 iyj	价 wwj
卉 faj	**HUO**	鸡 cqy	疾 utd	觊 mnmq	假 wnh
汇 ian	豁 pdhk	迹 yop	棘 gmii	寂 ph	田 lll
诙 ydoy	攉 rfwy	唧 kvcb	集 wys	寄 pds	胛 elh
麾 yssn	活 itd	姬 vah	嫉 vut	悸 ntb	贾 smu
会 wf	火 ooo	屐 ntfc	楫 skb	暨 vcag	钾 qlh
讳 yfnh	夥 jsq	积 tkw	辑 lkb	稷 tlw	瘕 unh
诲 ytxu	或 ak	基 ad	瘠 uiw	鲫 qgvb	驾 lkc
荟 awfc	伙 wo	绩 xgm	籍 tdij	冀 uxl	嫁 vpe
桧 swf	货 wxm	嵇 tdnm	几 mt	髻 defk	稼 tpe
烩 owf	获 aqt	觭 trd	己 nng	骥 cux	**JIAN**
贿 mde	祸 pykw	畸 lds	挤 ryj	**JIA**	戋 gggt
彗 dhdv	惑 akgn	跻 khyj	脊 iwe	加 lk	奸 vfh
晦 jtx	霍 fwyf	箕 tad	计 yf	夹 guw	尖 id
秽 tmq	嚯 kfwy	稽 tdnj	记 yn	迦 lkp	坚 jcf
惠 gjh	藿 afwy	激 iry	伎 wfcy	枷 slk	歼 gqt
毁 va		羁 laf	纪 xn	珈 glk	间 uj

肩 yned	荐 adh	蒋 auq	矫 tdtj	桀 qahs	紧 jc
艰 cv	贱 mgt	匠 ar	脚 efcb	婕 vgv	谨 yakg
兼 uvo	健 wvfp	降 bt	铰 quq	捷 rgv	锦 qrm
监 jtyl	涧 iujg	降 bta	搅 ripq	睫 hgv	瑾 gakg
笺 tgr	舰 temq	酱 uqsg	剿 vjsj	截 fawy	尽 nyu
营 apkk	渐 il	糨 oxkj	叫 kn	竭 ujqn	劲 cal
缄 xdgt	键 tfnp		轿 ltd	羯 udjn	近 rp
煎 uejo	溅 imgt	**JIAO**	较 lu	姐 veg	进 fj
兼 auv	腱 evfp	交 uq	教 ftbt	解 qev	晋 gogj
拣 ranw	践 khg	郊 uqb	窖 pwtk	介 wjj	浸 ivp
柬 gli	鉴 jtyq	姣 vuq	酵 sgfb	诫 yaah	烬 ony
茧 aju	键 qvfp	娇 vtdj		戒 aak	禁 ssf
捡 rwgi	槛 sjt	浇 iat	**JIE**	芥 awj	靳 afr
减 udg	箭 tue	茭 auqu	阶 bwj	届 nm	噤 kssi
剪 uejv		骄 ctdj	皆 xxrf	界 lwj	
检 sw	**JIANG**	胶 eu	接 ruv	借 waj	**JING**
睑 hwgi	江 ia	椒 shi	秸 tfkg	藉 adi	京 yiu
简 tuj	姜 ugv	焦 wyo	嗟 kuda		泾 ica
戬 goga	将 uqf	佼 wuqy	揭 rjq	**JIN**	经 x
碱 ddg	浆 uqi	蛟 juq	街 tffh	巾 mhk	茎 aca
翦 uejn	豇 gkua	跤 khuq	孑 bnhg	斤 rtt	荆 aga
见 mqb	僵 wglg	蕉 awy	节 ab	金 qqqq	旌 yttg
件 wrhh	缰 xglg	礁 dwy	劫 fcln	津 ivfh	惊 nyiy
建 vfhp	疆 xfgg	角 qe	杰 so	矜 cbtn	菁 agef
饯 qngt	讲 yfjh	狡 qtu	拮 rfk	筋 telb	晶 jjj
剑 wgoj	奖 uqd	饺 qnuq	洁 ifk	襟 pus	睛 jge
	桨 uqs	皎 ruq	结 xfkg	仅 wcy	兢 dqd

精 oge	赳 fhnh	掬 rqo	聚 bct	蕨 adu	凯 mnm
鲸 qgy	阄 uqj	裾 pund	踽 khnd	爵 elv	恺 nmn
井 fjk	阄 uqjn	雎 egw	瞿 hhwy	镢 qduw	铠 qmn
颈 cad	啾 kto	鞠 afq	**JUAN**	嚼 kel	慨 nvc
景 jy	揪 rto	局 nnk	娟 vke	矍 hhw	楷 sx
憬 njy	九 vt	桔 sfk	捐 rke	攫 rhh	锴 qxx
警 aqky	久 qy	菊 aqo	涓 ike	**JUN**	忾 nrn
净 uqv	灸 qyo	橘 scbk	鹃 keq	军 pl	**KAN**
径 tca	玖 gqy	咀 keg	镌 qwye	君 vtkd	刊 fjh
痉 uca	纠 xnhh	沮 ieg	卷 udbb	均 fqu	勘 adwl
竞 ukqb	就 yidn	举 iwf	绢 xkeg	钧 qqug	堪 fad
婧 vge	韭 didg	矩 tda	隽 wyeb	菌 alt	戡 adwa
竟 ujq	酒 isgg	龃 hwbg	眷 udhf	筠 tfqu	龛 wgkx
敬 aqk	旧 hj	句 qkd	**JUE**	俊 wcw	侃 wkqn
靖 uge	臼 vth	巨 and	噘 kdu	郡 vtkb	槛 sjtl
境 fuj	咎 thk	讵 yang	撅 rduw	峻 mcw	坎 fqw
静 geq	疚 uqy	拒 ran	决 un	骏 ccw	砍 dqw
镜 quj	枢 saqy	苣 aan	抉 rnwy	竣 ucw	看 rhf
JIONG	厩 dvc	具 hw	珏 ggy	**KA**	阚 unb
炅 jou	救 fiyt	炬 oan	绝 xqcn	咔 khhy	瞰 hnb
迥 mkp	舅 vl	倨 wndg	觉 ipmq	咖 klk	**KANG**
炯 omkg	**JU**	剧 ndj	倔 wnbm	喀 kpt	慷 nyv
窘 pwvk	居 nd	惧 nhw	崛 mnbm	卡 hhu	糠 oyvi
JIU	拘 rqk	据 rnd	掘 rnbm	**KAI**	康 yvii
究 pwv	狙 qteg	距 kha	厥 dubw	开 ga	亢 ymb
鸠 vqyg	驹 cqk	飓 mqh	獗 qtdw	揩 rxxr	扛 rag

抗 rymn	克 dq	蔻 apfl	**KUAN**	傀 wrqc	辣 ugk
炕 oym	客 pt	**KU**	宽 pa	跬 khff	**LAI**
KAO	刻 yntj	枯 sd	款 ffi	匮 akh	来 go
考 ftg	恪 ntkg	哭 kkdu	**KUANG**	愧 nrqc	莱 ago
拷 rft	课 yjsy	窟 pwn	匡 agd	溃 ikh	赖 gkim
烤 oft	嗑 kfcl	骷 medg	哐 kag	馈 qnk	濑 igkm
铐 qftn	溘 ifcl	苦 adf	筐 tag	**KUN**	癞 ugkm
犒 tryk	**KEN**	库 ylk	诓 yagg	坤 fjhh	籁 tgkm
靠 tfkd	肯 he	绔 xdfn	诳 yqtg	昆 jx	**LAN**
KE	垦 vef	裤 puy	狂 qtg	琨 gjx	兰 uff
坷 fsk	恳 venu	酷 sgtk	况 ukq	捆 rls	岚 mmqu
苛 as	啃 khe	**KUA**	旷 jyt	困 ls	拦 ruf
柯 ssk	**KENG**	夸 dfn	矿 dyt	**KUO**	栏 suf
珂 gsk	吭 kym	侉 fdfn	框 sagg	扩 ry	婪 ssv
科 tu	坑 fym	挎 rdfn	眶 hag	括 rtd	阑 ugli
轲 lsk	铿 qjc	胯 edf	**KUI**	阔 uit	蓝 ajt
棵 sjs	**KONG**	跨 khd	亏 fnv	廓 yybb	谰 yugi
稞 tjsy	空 pw	**KUAI**	盔 dol	**LA**	澜 iugi
颗 jsd	孔 bnn	蒯 aeej	窥 pwfq	垃 fug	褴 pujl
瞌 hfcl	恐 amyn	块 fnw	奎 dfff	啦 kru	篮 tjtl
磕 dfc	控 rpw	快 nnw	逵 fwfp	邋 vlq	览 jtyq
蝌 jtu	**KOU**	侩 wwfc	馗 vuth	喇 kgk	揽 rjt
壳 fpm	抠 raq	哙 kwfc	葵 awg	刺 gkij	缆 xjtq
咳 kynw	口 kkkk	脍 ewf	暌 jwgd	腊 eaj	榄 sjtq
可 sk	叩 kbh	筷 tnn	魁 rqcf	瘌 utj	懒 ngkm
渴 ijq	扣 rk		睽 hwgd	蜡 jaj	烂 oufg
	寇 pfqc				

滥 ijt

LANG

嘟 kyv

狼 qty

郎 yvcb

廊 yyvb

琅 gyv

榔 syv

锒 qyve

螂 jyv

浪 iyv

LAO

捞 rap

劳 apl

牢 prh

唠 kap

崂 map

老 ftx

姥 vft

潦 idui

涝 iap

烙 otk

酪 sgtk

LE

乐 qi

肋 eln

勒 afl

LEI

雷 flf

镭 qfl

垒 cccf

磊 ddd

蕾 aflf

肋 el

泪 ihg

类 od

累 lx

擂 rfl

嘞 kaf

LENG

棱 sfw

楞 sl

冷 uwyc

愣 nly

LI

厘 djfd

梨 tjs

狸 qtjf

离 ybmc

缡 xybc

蠡 xejj

俚 wjfg

莉 atj

骊 cgm

犁 tjr

喱 kdjf

鹂 gmyg

漓 iybc

蓠 aybc

璃 gyb

黎 tqt

篱 tyb

罹 lnw

礼 pynn

李 sb

里 jfd

哩 kjf

娌 vjfg

理 gj

锂 qjfg

鲤 qgif

力 lt

历 dl

厉 ddn

立 uu

吏 gkq

丽 gmy

利 tjh

励 ddnl

呖 kdl

沥 idl

喱 kdjf

例 wgqj

戾 yndi

俪 wgmy

隶 vii

栎 sqi

荔 all

郦 gmyb

栗 ssu

砺 dddn

砾 dqi

苈 awuf

唳 kynd

笠 tuf

粒 oug

蛎 jdd

痢 utj

雳 fdlb

LIA

俩 wgmw

LIAN

连 lpk

帘 pwm

怜 nwyc

涟 ilp

莲 alp

联 bu

鲢 qglp

廉 yuvo

濂 iyu

镰 qyuo

脸 ew

练 xanw

炼 oanw

恋 yonu

殓 gqw

链 qlp

LIANG

凉 uyiy

梁 ivw

良 yve

谅 yyly

亮 ypmb

靓 gemq

粮 oyv

粱 ivwo

踉 khye

两 gmww

魉 rqcw

辆 lgm

晾 jyiy

量 jg

LIAO

辽 bp

疗 ubk

聊 bqt

寥 pnw

嘹 kdui

寮 pdu

撩 rdu

燎 odui

镣 qdu

潦 idui

僚 wdui

廖 ynwe

了 b

料 ou

撂 rlt

LIE

咧 kgq

列 gq

劣 itl

冽 ugq

烈 gqjo

猎 qta

裂 gqje

LIN	令 wycu	铳 qycq	镂 qov	戮 nwe	峦 yomj
林 ss	玲 gwy	六 uy	**LU**	辘 lyn	娈 yovf
临 jty	凌 ufw	**LO**	噜 kqg	潞 ikhk	孪 yobf
淋 iss	铃 qwyc	咯 ktk	撸 rqg	璐 gkhk	栾 yosu
琳 gss	陵 bfw	**LONG**	卢 hn	鹭 khtg	銮 yoqf
粼 oqab	羚 udwc	龙 dx	芦 hne	麓 ssyx	卵 qyt
遴 oqa	聆 bwyc	珑 gdx	垆 fhnt	**LV**	乱 tdn
霖 fss	菱 afwt	笼 tdx	泸 ihn	驴 cyn	**LUE**
磷 doq	蛉 jwyc	聋 dxb	庐 yyne	闾 ukkd	掠 ryiy
鳞 qgo	零 fwyc	隆 btg	炉 oyn	榈 suk	略 ltk
凛 uyl	龄 hwbc	陇 bdx	轳 lhnt	偻 wovg	**LUN**
邻 wycb	另 kl	垄 dxf	鸬 hnq	侣 wkkg	抡 rwx
麟 ynjh	**LIU**	垅 fdx	颅 hndm	旅 ytey	囵 lwxv
吝 ykf	溜 iqyl	拢 rdx	鲈 qghn	缕 xovg	仑 wxb
赁 wtfm	浏 iyih	**LOU**	卤 hl	膂 ytee	伦 wwxn
蔺 auw	流 iyc	娄 ov	虏 halv	吕 kk	轮 lwx
LING	留 qyvl	喽 kov	掳 rha	铝 qkk	**LUO**
拎 rwyc	琉 gyc	楼 sov	鲁 qgj	屡 no	捋 refy
灵 vo	硫 dyc	蝼 jov	橹 sqg	褛 puo	罗 lq
岭 mwyc	遛 qyvp	髅 meo	陆 bfm	履 ntt	萝 alq
苓 awyc	馏 qnql	嵝 mov	录 vi	律 tvfh	逻 lqp
伶 wwyc	骝 cqyl	搂 ro	赂 mtk	滤 iha	锣 qlq
瓴 wycn	榴 sqy	篓 tov	辂 ltkg	虑 han	箩 tlq
绫 xfwf	瘤 uqyl	陋 bgm	禄 pyv	氯 rnv	骡 clx
翎 wycn	刘 yjh	漏 infy	碌 dvi	**LUAN**	螺 jlx
领 wycm	柳 sqt	偻 uov	路 kht	滦 iyos	裸 pujs

洛 itk	麦 gtu	蟒 jada	酶 sgtu	懑 nal	勉 qkql
骆 ctk	卖 fnud	**MAO**	霉 ftxu	孟 blf	娩 vqk
珞 gtk	脉 eyni	猫 qtal	每 txg	梦 ssq	冕 jqkq
络 xtkg	**MAN**	毛 tfn	美 ugdu	**MI**	腼 edmd
落 ait	蛮 yoju	矛 cbt	镁 qug	咪 koy	面 dm
摞 rlx	馒 qnjc	牦 trtn	妹 vfi	迷 op	**MIAO**
漯 ilx	瞒 hagw	茅 acbt	昧 jfi	猕 qtxi	喵 kal
漂 isfi	鳗 qgjc	锚 qal	袂 pun	谜 yopy	苗 alf
MA	满 iagw	髦 detn	媚 vnh	縻 ysso	描 ral
妈 vc	螨 jagw	卯 qtbh	寐 pnhi	麋 ynjo	瞄 hal
嬷 vys	曼 jlc	茂 adn	魅 rqci	靡 yssd	眇 hit
麻 yssi	谩 yjlc	冒 jhf	**MEN**	米 oy	秒 ti
蟆 jajd	幔 mhjc	贸 qyv	门 uyh	眯 ho	淼 iiiu
马 cn	慢 nj	懋 scbn	扪 run	宓 pntr	渺 ihit
玛 gcg	漫 ijlc	**ME**	闷 uni	泌 int	藐 aee
码 dcg	蔓 ajl	么 tc	焖 oun	觅 emq	邈 eerp
蚂 jcg	缦 xjlc	**Mel**	懑 iagn	秘 tn	妙 vit
骂 kkc	**MANG**	没 im	**MENG**	密 pnt	庙 ymd
唛 kgt	忙 nynn	枚 sty	虻 jyn	幂 pjd	缪 xnwe
吗 kcg	芒 ayn	玫 gt	萌 aje	谧 yntl	**MIE**
嘛 ky	邙 ynb	眉 nhd	盟 lel	蜜 pntj	咩 kud
MAI	盲 ynhf	莓 atx	朦 eap	**MIAN**	灭 goi
埋 fjf	氓 ynna	梅 stx	猛 qtbl	眠 hna	蔑 aldt
霾 feef	茫 aiy	媒 vaf	蒙 apg	绵 xrmh	**MIN**
买 nudu	莽 ada	湄 inh	锰 qbl	棉 srm	民 n
迈 dnp	漭 iada	煤 oa	蜢 jbl	免 qkq	皿 lhn

闽 uji

恼 nuy

敏 txgt

MING

名 qk

明 je

鸣 kqy

茗 aqkf

冥 pju

铭 qqk

溟 ipju

暝 jpju

酩 sgqk

MIU

谬 ynwe

MO

摸 rajd

馍 qnad

摹 ajdr

模 sajd

膜 eajd

蘑 ays

谟 yajd

摩 yssr

磨 yssd

魔 yssc

抹 rgs

末 gs

沫 igs

茉 ags

陌 bdj

莫 ajd

寞 paj

漠 iaj

蓦 ajdc

墨 lfof

默 lfod

MOU

哞 kcr

牟 crhj

眸 hcr

某 afs

MU

牡 trfg

母 xgui

亩 ylf

姆 vx

拇 rxg

木 ssss

目 hhhh

沐 isy

牧 trt

苜 ahf

募 ajdl

墓 ajdf

幕 ajdh

睦 hf

慕 ajdn

暮 ajdj

穆 tri

NA

哪 kv

那 vfb

娜 vvf

衲 pumw

拿 wgkr

呐 kmwy

钠 qmw

捺 rdfi

NAI

乃 etn

奶 ve

奈 dfi

耐 dmjf

NAN

囡 lvd

男 ll

南 fm

难 cw

喃 kfm

楠 sfm

腩 efm

NANG

囊 gkh

馕 qnge

NAO

孬 giv

挠 ratq

恼 nyb

脑 eyb

瑙 gvt

闹 uym

NE

讷 kmw

呢 knx

NEI

馁 qne

内 mwi

NEN

恁 wtfn

嫩 vgk

NENG

能 ce

n

NI

妮 vnx

尼 nx

泥 inx

倪 wvqn

你 wqiy

霓 fvq

拟 rny

昵 jnx

逆 ubt

匿 aadk

溺 ixu

睨 hvq

腻 eaf

NIAN

拈 rhkg

年 rh

念 wynn

蔫 agho

鲇 qghk

鲶 qgwn

黏 twik

捻 rwyn

撵 rfwl

碾 dna

埝 fwyn

NIANG

娘 vyv

酿 sgye

NIAO

鸟 qyng

袅 qyne

尿 nii

NIE

捏 rjfg

涅 ijfg

聂 bccu

臬 ths

啮 kbc

镊 qbc

镍 qth

蹑 khb

孽 awnb

NIN

您 wqin

NING

宁 ps

咛 kps

拧 rps

狞 qtp

柠 sps

聍 bps

凝 uxt

NIU

妞 vnf

牛 rhk

拗 rxl

忸 nnf

扭 rnf

钮 qnf

NONG

农 pei

侬 wpey

哝 kpe

浓 ipe

脓 epe

弄 gaj

NOU

耨 did

NU

奴 vcy

努 vcl

怒 vcn

NV

女 vvv

NUE

虐 haa

NUAN

暖 jef

NUO

挪 rvf

诺 yadk

喏 kadk

懦 nfdj

糯 ofd

O

噢 ktmd

哦 ktr

OU

欧 aqq

殴 aqm

鸥 aqqg

讴 yaqy

呕 kaqy

耦 dij

藕 adiy

怄 naq

PA

扒 rwy

趴 khw

啪 krr

葩 arc

杷 scn

爬 rhyc

耙 dic

琶 ggc

筢 trc

帕 mhr

怕 nr

PAI

拍 rrg

徘 tdjd

牌 thgf

派 ire

湃 ird

PAN

潘 itol

攀 sqq

盘 tel

磐 temd

蹒 khaw

蟠 jtol

判 udjh

叛 udrc

盼 hwv

畔 luf

PANG

乓 rgy

滂 iup

彷 tyn

庞 ydxv

旁 upy

螃 jup

胖 euf

PAO

抛 rvl

刨 qnjh

咆 kqn

庖 yqnv

狍 qtqn

炮 oq

袍 puq

跑 khq

泡 iqn

PEI

呸 kgi

胚 egi

陪 buk

培 fuk

赔 muk

裴 djde

沛 igmh

配 sgn

佩 wmgh

PEN

喷 kfa

盆 wvlf

PENG

怦 ngu

抨 rguh

砰 dgu

烹 ybou

嘭 kfke

朋 ee

彭 fkue

棚 see

蓬 atdp

鹏 eeq

澎 ifke

篷 ttdp

膨 efk

捧 rdw

碰 duo

PI

丕 gigf

批 rx

邳 gigb

坯 fgig

披 rhc

砒 dxx

劈 nkuv

癖 knk

霹 fnk

皮 hc

枇 sxxn

毗 lxx

疲 uhc

啤 krt

琵 ggx

脾 ert

貔 eetx

匹 aqv

痞 ugi

僻 wnku

癖 unk

屁 nxx

媲 vtl

譬 nkuy

PIAN

片 thg

偏 wyna

谝 yyna

犏 trya

篇 tyna

骈 cua

骗 cyna

PIAO

剽 sfij

漂 isf

缥 xsfi

飘 sfiq

螵 jsf

瓢 sfiy

瞟 hsf

票 sfiu

嫖 vsf

PIE

撇 rumt

瞥 umih

PIN

姘 vua

拼 rua

贫 wvm

嫔 vpr

频 hid

颦 hidf

品 kkk

聘 bmg

PING

乒 rgt

娉 vmgn

平 gu

评 yguh

凭 wtfm

坪 fgu

苹 agu

屏 nua

瓶 uag

萍 aigh

PO

坡 fhc

泼 inty

颇 hcd

婆 ihcv

叵 akd

迫 rpd

珀 grg

破 dhc

粕 org

魄 rrqc

POU

剖 ukj

PU

扑 rhy

铺 qge

脯 egey

仆 why

噗 kog

匍 qgey

莆 age

菩 auk

葡 aqg

蒲 aigy

璞 gogy

濮 iwo

朴 shy

圃 lgey

埔 fgey

浦 igey

普 uo

溥 igef

蹼 kho

瀑 ija

曝 jja

QI

七 ag

沏 iav

妻 gv

柒 ias

凄 ugvv

栖 ssg

戚 dhi

萋 agv

期 adwe

欺 adww

漆 isw

蹊 khed

祁 pyb

岐 mfc

其 adw

奇 dskf

歧 hfc

祈 pyr

脐 eyj

崎 mds

淇 iadw

畦 lff

萁 aadw

骑 cds

棋 sad

琦 gds

琪 gad

祺 pya

鳍 qgfj

乞 tnb

齐 yjj

企 whf

启 ynkd

绮 xdsk

岂 mn

杞 snn

起 fhn

气 rnb

讫 ytnn

迄 tnp

弃 ycaj

汽 irn

泣 iug

契 dhv

砌 dav

荠 ayjj

器 kkd

憩 tdtn

QIA

掐 rqv

恰 nwgk

洽 iwg

QIAN

千 tfk

仟 wtfh

阡 btf

芊 atf

迁 tfp

牵 dpr

铅 qmk

签 twgi

QIANG

呛 kwb

羌 udnb

强 xkjy

戗 wba

枪 swb

跄 khwb

腔 epw

锖 quqf

蹇 pfjc

前 ue

虔 hay

钱 qg

钳 qaf

乾 fjt

潜 ifw

黔 lfon

浅 igt

遣 khgp

谴 ykhp

倩 wgeg

欠 qw

茜 asf

堑 lrf

嵌 maf

歉 uvow

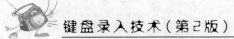

墙 ffuk

蔷 afu

抢 rwb

褓 pux

炝 owb

QIAO

悄 ni

跷 khaq

锹 qto

敲 ymkc

侨 wtdj

谯 ywyo

蕉 awyo

橇 stf

乔 tdj

壳 fpmb

诮 yieg

俏 wieg

鞘 afie

荞 atdj

桥 std

憔 nwyo

轿 aftj

樵 swyo

瞧 hwy

巧 agnn

峭 mi

窍 pwan

翘 atgn

撬 rtfn

鞘 afie

QIE

切 av

茄 alkf

且 eg

妾 uvf

怯 nfcy

窃 pwav

惬 nag

锲 qdh

QIN

亲 us

侵 wvpc

禽 wybc

钦 qqw

芹 arj

秦 dwt

琴 ggw

勤 akgl

噙 kwyc

擒 rwyc

寝 puvc

沁 in

揿 rqq

QING

青 gef

氢 rnc

轻 ic

卿 qtvb

清 ige

蜻 jgeg

情 nge

晴 jge

氰 rnge

擎 aqkr

鲸 lfoi

苘 amk

顷 xdmy

请 ygeg

庆 ydi

罄 fnmy

箐 tge

磬 fnmd

馨 fnmm

QIONG

穷 pwl

穹 pwx

琼 gyiy

QIU

丘 rgd

邱 rgb

秋 to

蚯 jrgg

揪 sto

鳅 qgto

囚 lwi

求 fiy

虬 jnn

泅 ilw

酋 usgf

球 gfi

裘 fiye

糗 othd

QU

区 aq

曲 ma

岖 maq

驱 caq

瞿 hhwy

屈 nbrn

祛 pyfc

蛆 jegg

躯 tmdq

蛐 jma

趋 fhqv

渠 ians

取 bc

娶 bcv

龋 hwby

去 fcu

趣 fhb

QUAN

全 wgf

圈 lud

权 sc

泉 riu

拳 udr

痊 uwg

蜷 judb

颧 akk

犬 dgty

劝 cl

券 udv

QUE

缺 rmn

瘸 ulkw

却 fcbf

雀 iwyf

确 dqe

阕 uwgd

鹊 ajqg

榷 spwy

QUN

裙 puvk

群 vtk

RAN

然 qd

髯 dem

燃 oqdo

冉 mfd

苒 amf

染 ivs

RANG

让 yhg

嚷 kyk

RAO

绕 xatq

饶 qna

扰 rdn

娆 vat

RE

惹 adkn

热 rvyo

REN

人 w

壬 tfd

忍 vynu　冗 pmb　瑞 gmd　SANG　刹 qsj　疝 umk

茬 awtf　ROU　睿 hpgh　桑 cccs　砂 di　苦 ahk

稔 twyn　柔 cbts　RUN　嗓 kcc　莎 aiit　善 uduk

刃 vyi　揉 rcbs　闰 ug　搡 rccs　痧 uii　骟 cynn

妊 vtf　肉 mww　润 iugg　丧 fue　裟 iite　鄯 udub

韧 fnhy　RU　RUO　SAO　鲨 iitg　嬗 vylg

仁 wfg　如 vk　若 adk　搔 rcyj　啥 kwfk　擅 ryl

认 yw　茹 avk　弱 xuxu　骚 ccyj　煞 qvt　膳 eudk

仞 wvy　儒 wfdj　偌 wad　臊 ekks　霎 fuv　赡 mqd

任 wtf　嚅 kfd　SA　扫 rv　SHAI　讪 ymh

纫 xvy　孺 bfd　仨 wdg　缫 xvjs　筛 tjgh　扇 ynnd

RENG　蠕 jfdj　撒 rae　嫂 vvh　晒 jsg　鳝 qguk

仍 wen　汝 ivg　洒 is　SE　SHAN　SHANG

扔 re　乳 ebn　飒 umqy　色 qc　山 mmmm　商 um

RI　辱 dfef　萨 abu　涩 ivy　删 mmgj　裳 ipke

日 jjjj　入 ty　SAI　啬 fulk　杉 set　晌 jtm

RONG　褥 pudf　塞 pfjf　瑟 ggn　姗 vmm　赏 ipkm

戎 ade　RUAN　腮 elny　SEN　衫 pue　伤 wtln

荣 aps　阮 bfq　鳃 qgl　森 sss　珊 gmm　上 h

容 pww　软 lqw　赛 pfjm　SENG　跚 khmg　尚 imkf

嵘 maps　RUI　SAN　僧 wul　煽 oynn　SHAO

溶 ipwk　蕊 ann　三 dg　SHA　潸 isse　捎 rie

蓉 apw　芮 amwu　叁 cdd　杀 qsu　膻 eyl　梢 sie

榕 spwk　枘 smw　伞 wuhj　纱 xit　闪 uw　烧 oat

熔 opw　蚋 jmw　散 aet　傻 wtlt　陕 bgu　稍 tie

融 gkm　锐 quk　徽 qnat　沙 iit　汕 imh　艄 teie

勺 qyi

芍 aqy

荅 avkf

韶 ujv

少 it

邵 vkb

哨 kie

SHE

奢 dft

赊 mwf

舌 tdd

蛇 jpx

社 py

佘 wfiu

麝 ynjf

射 tmdf

涉 ihi

赦 fot

慑 nbc

摄 rbcc

SHEI

谁 ywyg

SHEN

申 jhk

身 tmd

呻 kjh

娠 vdf

深 ipw

神 pyj

沈 ipq

审 pj

婶 vpj

肾 jce

甚 adwn

渗 icd

慎 nfh

伸 wjhh

绅 xjhh

什 wfh

蜃 dfej

SHENG

升 tak

生 tg

声 fnr

牲 trtg

胜 etg

笙 ttgf

甥 tgll

渑 ikj

绳 xkjn

省 ith

圣 cff

晟 jdn

盛 dnnl

剩 tuxj

SHI

尸 nngt

失 rw

师 jgm

虱 ntj

狮 qtjh

湿 ijo

十 fgh

石 dgtg

时 jf

实 pu

拾 rwgk

蚀 qnj

史 kq

矢 tdu

豕 egt

始 vck

驶 ckq

屎 noi

士 fghg

氏 qa

匙 jghx

诗 yffy

施 ytbn

识 ykwy

食 wyve

使 wgkq

世 an

示 fi

式 aa

事 gk

势 rvyl

视 pym

饰 qnth

室 pgc

恃 nff

拭 raa

是 j

柿 symh

适 tdp

舐 tdqa

轼 laa

逝 rrp

弑 qsa

释 toc

嗜 kftj

誓 rryf

仕 wfg

市 ymhj

侍 wffy

谥 yuwl

峙 mff

噬 kta

SHOU

收 nh

手 rt

守 pf

首 uth

寿 dtf

熟 ybvo

售 wykf

绶 xepc

受 epc

狩 qtpf

兽 ulg

授 rep

瘦 uvh

SHU

书 nnh

抒 rcb

叔 hic

枢 saq

姝 vri

倏 whtd

殊 gqr

梳 syc

淑 ihic

疏 nhy

输 lwg

蔬 anh

舒 wfkb

熟 ybvo

孰 ybvy

庶 yaoi

属 ntky

赎 mfn

暑 jft

署 lftj

鼠 vnu

蜀 lqj

薯 alfj

曙 jl

术 sy

戍 dynt

束 gki

沭 isyy

述 syp

树 scf

竖 jcu

恕 vkn

数 ovt

墅 jfcf

漱 igkw
澍 ifkf

SHUA
刷 nmh
耍 dmjv

SHUAI
摔 ryx
甩 en
帅 jmh
衰 ykge
率 yxif
蟀 jyx

SHUAN
闩 ugd
拴 rwg
栓 swg
涮 inm

SHUANG
双 cc
霜 fs
孀 vfs
爽 dqq

SHUI
水 ii
谁 ywyg
税 tuk

睡 ht

SHUN
吮 kcq
顺 kd
舜 epqh
瞬 hep

SHUO
烁 oqi
朔 ubte
说 yukq
数 ovty
铄 qqi
硕 ddm
嗍 kub
嗽 kgkw

SI
司 ngk
私 tcy
思 ln
斯 adwr
厮 dadr
嘶 kad
撕 rad
丝 xxgf
似 wnyw
死 gqx

己 nngn
四 lh
寺 ff
汜 inn
姒 vny
祀 pynn
泗 ilg
饲 qnnk
驷 clg
嗣 kma
肆 dv

SONG
松 swc
淞 iswc
嵩 mym
悚 ngki
宋 psu
诵 yceh
怂 wwnu
耸 wwbf
讼 ywcy
送 udp
颂 wcd

SOU
嗖 kvh
搜 rvh

馊 qnvc
飕 mqvc
艘 tevc
叟 vhc
擞 rovt

SU
苏 alw
酥 sgty
稣 qgty
俗 wwwk
诉 yryy
夙 mgq
肃 vij
素 gxi
速 gkip
宿 pwdj
粟 sou
谡 ylwt
僳 wso
嗽 kgkw
嗉 kgxi
塑 ubtf
愫 ngx
溯 iub
簌 tgkw

SUAN
酸 sgc
蒜 afi
算 thaj

SUI
虽 kj
睢 hwyg
绥 xevg
隋 bda
随 bde
髓 med
岁 mqu
祟 bmf
遂 uep
碎 dyw
隧 bue
穗 tgjn

SUN
孙 bi
狲 qtbi
荪 abiu
损 rkm
笋 tvt

SUO
唆 kcw
娑 iitv
梭 scw

缩 xpwj
嗦 kfpi
所 rn
索 fpx
琐 gim
锁 qim

TA
她 vbn
他 wb
它 px
塌 fjng
塔 fawk
獭 qtgm
挞 rdp
遢 jnp
榻 sjn
踏 khij

TAI
胎 eck
台 ck
邰 ckb
抬 rck
苔 ack
跆 khck
太 dy
汰 idy

态 dyn

肽 edy

泰 dwiu

TAN

坍 fmyg

谈 yooy

谭 ysjh

摊 rcw

滩 icw

瘫 ucwy

坛 ffc

昙 jfcu

郯 oob

痰 uoo

潭 isj

檀 syl

忐 hnu

坦 fjg

毯 tfno

叹 kcy

炭 mdo

探 rpws

碳 dmd

TANG

汤 inr

唐 yvhk

倘 wimk

堂 ipkf

棠 ipks

塘 fyv

搪 ryv

溏 iyvk

膛 ei

糖 oyv

淌 iim

躺 tmdk

烫 inro

趟 fhi

TAO

涛 idt

焘 dtfo

掏 rqr

滔 iev

韬 fnhv

饕 kgne

逃 iqp

桃 siq

陶 bqr

淘 iqr

萄 aqr

讨 yfy

套 ddu

TE

忑 ghnu

忒 ani

特 trf

TENG

疼 utu

腾 eud

誊 udyf

滕 eudi

藤 aeu

TI

剔 jqrj

梯 sux

踢 khj

啼 ku

提 rj

题 jghm

蹄 khuh

醍 sgjh

屉 nan

剃 uxhj

悌 nux

涕 iuxt

惕 njq

替 fwf

缇 xjgh

体 wsgg

倜 wmfk

嚏 kfph

TIAN

天 gd

添 igd

田 llll

恬 ntd

甜 tdaf

填 ffh

腆 ema

舔 tdgn

TIAO

挑 riq

条 ts

迢 vkp

笤 tvk

窕 pwi

眺 hiq

TIE

贴 mhkg

铁 qr

帖 mhh

餮 gqwe

TING

厅 ds

汀 ish

听 kr

町 lsh

廷 tfpd

婷 vyp

蜓 jtfp

霆 ftf

挺 rtfp

亭 ypsj

庭 ytfp

停 wyps

铤 qtfp

艇 tet

TONG

通 cep

佟 wtuy

僮 wujf

统 xycq

仝 waf

同 m

彤 mye

茼 amg

桐 smgk

铜 qmgk

童 ujff

潼 iujf

瞳 hu

捅 rce

桶 sce

筒 tmgk

恸 nfcl

痛 uce

TOU

头 udi

投 rmc

偷 wwgj

透 tep

TU

凸 hgm

秃 tmb

突 pwd

图 ltu

徒 tfhy

涂 iwt

荼 awt

途 wtpi

屠 nft

土 ffff

吐 kfg

兔 qkqy

TUAN

湍 imd

团 lft
疃 luj

TUI
推 rwyg
颓 tmdm
腿 eve
退 vep
蜕 juk
褪 puvp

TUN
吞 gdk
囤 lgbn
屯 gb
饨 qngn
豚 eey
臀 nawe

TUO
托 rta
拖 rtb
脱 euk
驮 cdy
陀 bpx
坨 fpxn
沱 ipx
驼 cp
柁 spx
砣 dpx

鸵 qynx
跎 khpx
妥 ev
椭 sbd
拓 rd
唾 ktg

WA
哇 kff
娃 vff
挖 rpwn
洼 iffg
娲 vkm
蛙 jff
瓦 gny
袜 pug

WAI
歪 gig
崴 mdgt
外 qh

WAN
剜 pqbj
湾 iyo
蜿 jpq
豌 gkub
丸 vyi
完 pfq

玩 gfq
顽 fqd
宛 pq
挽 rqkq
晚 jq
弯 yoxb
绾 xpnn
莞 apfq
婉 vpq
苑 apqb
皖 rpf
碗 dpq
腕 epq

WANG
汪 ig
王 gggg
网 mqq
往 tyg
枉 sgg
惘 nmu
亡 ynv
忘 ynnu
妄 ynvf
旺 jgg
莛 afn
委 tv

WEI
危 qdb
威 dgvt
葳 adg
微 tmg
煨 olg
薇 atm
巍 mtv
为 o
韦 fnh
围 lfnh
帏 mhf
违 fnhp
桅 sqd
唯 kwyg
帷 mhw
惟 nwy
潍 ixw
偎 wlge
维 xwyg
伟 wfn
伪 wyl
纬 xfnh
尾 ntf
苇 afn
委 tv

炜 ofn
玮 gfn
娓 vntn
萎 atv
猥 qtle
痿 utvd
卫 bg
未 fii
诿 ytvg
位 wug
味 kfi
畏 lge
胃 le
尉 nfif
喂 klge
渭 ile
猬 qtle
蔚 anf
慰 nfi
谓 yleg
魏 tvr

WEN
温 ijl
瘟 ujl
文 yygy
纹 xyy

闻 ub
蚊 jyy
雯 fyu
刎 qrj
吻 kqr
紊 yxiu
稳 tqv
问 ukd
汶 iyy

WENG
翁 wcn
嗡 kwc
蓊 awc
瓮 wcg
雍 ayxy

WO
挝 rfp
倭 wtvg
涡 ikm
莴 akm
喔 kngf
窝 pwkw
蜗 jkm
我 q
沃 itdy
卧 ahnh

幄 mhnf	㑒 rgkg	淅 isr	玺 qiqy	厦 ddh	馅 qnqv
握 rng	鹉 gahg	硒 dsg	徙 thh	**XIAN**	羡 ugu
渥 ing	舞 rlg	晰 jsr	铣 qtfq	先 tfq	献 fmud
龌 hwbf	兀 gqv	犀 nir	喜 fku	掀 rrq	腺 eri
WU	勿 qre	稀 tqd	禧 pyfk	锨 qrq	**XIANG**
乌 qng	务 tl	蹊 khed	戏 ca	鲜 qgu	相 sh
污 ifn	戊 dny	兮 wgnb	系 txi	闲 usi	香 tjf
呜 kqng	物 tr	席 yamh	隙 bij	贤 jcm	厢 dsh
巫 aww	悟 ngkg	溪 iex	**XIA**	咸 dgk	湘 ishg
屋 ngc	婺 cbtv	皙 srr	呷 klh	涎 ithp	箱 tsh
无 fq	鹜 cbtc	锡 qjq	虾 jghy	娴 vus	镶 qyk
吴 kgd	雾 ftl	熄 othn	瞎 hp	舷 teyx	祥 pyu
吾 gkf	**XI**	熙 ahko	匣 alk	衔 tqf	翔 udng
芜 afqb	夕 qtny	蜥 jsrh	侠 wguw	仙 wmh	响 ktm
梧 sgk	汐 iqy	嘻 kfk	狎 qtl	纤 xtfh	饷 qntk
蜈 jkg	西 sghg	嬉 vfk	峡 mgu	弦 xyx	想 shnu
五 gg	吸 ke	膝 esw	狭 qtgw	线 xg	向 tm
午 tfj	希 qdm	熹 fkuo	遐 nhf	嫌 vu	乡 xte
诬 yaw	昔 ajf	羲 ugt	暇 jnh	显 jo	襄 ykke
毋 xde	析 sr	蟋 jto	瑕 gnh	险 bwg	详 yudh
侮 Wtxu	唏 kqd	曦 jug	辖 lpdk	县 egc	享 ybf
误 ykgd	奚 exd	习 nu	霞 fnhc	苋 amq	巷 awn
坞 fqng	息 thn	袭 dxy	黠 lfok	现 gm	项 adm
妩 vfq	牺 trs	媳 vthn	下 gh	限 bv	象 qje
忤 ntfh	悉 ton	橄 sry	吓 kgh	宪 ptf	橡 sqj
武 gah	惜 najg	洗 itf	夏 dht	陷 bqv	

XIAO

枭 qyns
削 iej
哓 katq
骁 catq
宵 pi
消 iie
逍 iep
萧 avij
销 qie
潇 iavj
箫 tvij
霄 fie
嚣 kkdk
崤 mqde
淆 iqde
小 ih
晓 jat
筱 twh
孝 ftb
肖 ie
哮 kft
效 uqt
校 suq
笑 ttd
啸 kvi

XIE

些 hxf
楔 sdh
歇 jqw
蝎 jjq
协 fl
邪 ahtb
偕 wxxr
斜 wtuf
谐 yxxr
褒 yrve
胁 elw
挟 rgu
携 rwye
撷 rfkm
鞋 afff
写 pgn
泄 iann
泻 ipgg
卸 rhb
屑 nied
械 sa
榭 stm
懈 nq
邂 qevp
燮 oyoc

蟹 qevj

XIN

心 ny
莘 auj
锌 quh
新 usr
歆 ujqw
薪 aus
馨 fnm
鑫 qqq
信 wy
衅 tlu

XING

兴 iw
星 jtg
惺 njt
猩 qtjg
腥 ejt
刑 gajh
行 tf
邢 gab
形 gae
陉 bca
型 gajf
醒 sgj
擤 rth

杏 skf
姓 vtg
幸 fufj
性 ntg
悻 nfuf

XIONG

凶 qb
兄 kqb
匈 qqb
汹 iqbh
胸 eq
雄 dcw
熊 cexo

XIU

咻 kws
休 wsy
修 whte
绣 xten
羞 udn
貅 eew
朽 sgnn
秀 te
岫 mmg
袖 pum
锈 qten

XU

戌 dgn
盱 hgf
胥 nhe
须 edm
虚 hao
嘘 khag
需 fdm
墟 fhag
徐 twt
许 ytfh
诩 yng
序 ycb
叙 wtcy
畜 yxlf
绪 xftj
续 xfn
溆 iwtc
呿 kgfh
栩 sng
旭 vj
恤 ntl
酗 sgqb
婿 vnhe
絮 vkx

煦 jqko
蓄 ayx

XUAN

轩 lf
宣 pgjg
喧 kp
萱 apgg
悬 egcn
玄 yxu
旋 ytnh
绚 xqj
璇 gyth
选 tfqp
癣 uqg
炫 oyx
眩 hy
渲 ipgg
楦 spg

XUE

靴 afwx
薛 awnu
穴 pwu
学 ip
雪 fv
削 iejh
血 tld

XUN

勋 kml
熏 tgl
薰 atgo
曛 jtgo
醺 sgto
寻 vf
巡 vp
旬 qj
驯 ckh
峋 mqjg
荀 aqj
循 trfh
汛 inf
迅 nfp
询 yqjg
训 ykh
讯 ynfh
徇 tqj
逊 bip
殉 gqq

YA

丫 uhk
压 dfy
呀 ka
押 rl

鸦 ahtg
鸭 lqy
牙 ah
芽 aah
琊 gahb
蚜 jah
哑 kgo
讶 yaht
崖 mdff
涯 idf
衙 tgk
哑 kgo
雅 ahty
亚 gog
娅 vgo

YAN

咽 kld
烟 ol
胭 eld
淹 idj
焉 ghg
阉 udjn
腌 edjn
嫣 vgh
蔫 agho
延 thp

严 god
妍 vga
岩 mdf
沿 imk
炎 oo
研 dga
盐 fhl
阎 uqvd
筵 tthp
蜒 jthp
颜 utem
檐 sqdy
奄 djn
衍 tif
言 yyyy
俨 wgod
谚 yute
掩 rdjn
眼 hv
演 ipg
魇 ddr
黡 vnuv
厌 ddi
彦 uter
砚 dmq
宴 pjv

晏 jpv
艳 dhq
验 cwg
堰 fajv
焰 oqv
焱 ooou
雁 dww
燕 au
赝 dwwm

YANG

央 md
泱 imdy
殃 gqm
秧 tmdy
鸯 mdq
鞅 afmd
扬 rnr
羊 udj
阳 bj
杨 sn
炀 onrt
疡 unr
祥 tud
仰 wqbh
洋 iu
烊 oud

养 udyj
氧 rnu
痒 uud
恙 ugn
样 su
漾 iugi

YAO

夭 tdi
吆 kxy
妖 vtd
腰 esv
邀 rytp
爻 qqu
尧 atgq
肴 qde
姚 viq
幺 xnny
谣 yerm
钥 qeg
窑 pwr
徭 term
摇 rer
遥 er
瑶 ger
杳 sjf
咬 kuq

窈 pwxl
窅 evf
药 ax
要 s
耀 iqny

YE

椰 sbb
噎 kfp
耶 bbh
爷 wqb
夜 ywt
液 iywy
谒 yjqn
揶 rbb
也 bn
冶 uck
野 jfc
业 og
叶 kf
曳 jxe
页 dmu
邺 ogb
晔 jwx
烨 owx
掖 ryw
液 iyw

腋 eywy	颐 ahkm	肄 xtdh	荫 abe	嘤 kmm	泳 iyni
YI	疑 xtdh	裔 yemk	音 ujf	罂 mmr	俑 wce
一 g	彝 xgoa	峄 mcf	殷 rvn	樱 smmv	勇 cel
伊 wvt	乙 nnll	易 jqrr	引 xhh	鹦 mmvg	佣 weh
衣 ye	已 nnnn	驿 ccf	吟 kwyn	迎 qbp	庸 yveh
依 wye	以 c	疫 umc	垠 fve	茔 apff	雍 yxt
仪 wyq	矣 ct	羿 naj	寅 pgm	盈 ecl	涌 ice
医 atd	蚁 jyq	轶 lrw	淫 iet	荧 apo	恿 cen
咿 kwvt	译 ycfh	益 uwl	银 qve	莹 apgy	蛹 jceh
壹 fpgu	倚 wdsk	翊 ung	龈 hwbe	萤 apj	踊 khc
揖 rkb	议 yyqy	翌 nuf	尹 vte	营 apk	用 et
漪 iqtk	亦 you	逸 qkqp	饮 qnq	萦 apx	**YOU**
黟 lfoq	椅 sds	意 ujn	蚓 jxh	蝇 jk	忧 ndn
夷 gxw	弋 agny	溢 iuw	隐 bq	瀛 iyny	呦 kxl
沂 irh	忆 nn	蝎 jjqr	瘾 ubq	影 jyie	优 wdnn
宜 peg	艺 anb	毅 uem	印 qgb	映 jmd	攸 whty
怡 nck	屹 mtnn	熠 onrg	胤 txen	硬 dgj	幽 xxmk
饴 qnc	异 naj	薏 aujn	**YING**	**YO**	悠 whtn
咦 kgx	呓 kan	翼 nla	英 amd	哟 kx	尤 dnv
姨 vg	役 tmc	臆 euj	莺 apq	唷 kyce	由 mh
贻 mck	抑 rqb	懿 fpgn	应 yid	**YONG**	犹 qtdn
胎 hck	邑 kcb	**YIN**	缨 xmmv	拥 reh	邮 mb
胰 egx	诣 yxj	因 ld	鹰 ywwg	墉 fyvh	油 img
痍 ugxw	奕 yod	阴 be	婴 mmv	慵 nyvh	柚 smg
移 tqq	弈 yoaj	姻 vld	赢 ynky	臃 eyx	铀 qmg
遗 khgp	谊 ype	茵 ald	颖 xtdm	咏 kyn	游 iytb

鲀 qgdn
友 dc
有 e
酉 sgd
黝 lfol
又 cccc
右 dk
幼 xln
佑 wdkg
诱 yten
釉 tom

YU

迂 gfp
淤 iywu
渝 iwgj
瘀 uywu
于 gf
余 wtu
俞 wgej
谀 yvwy
予 cbj
妤 vcbh
盂 gfl
臾 vwi
鱼 qgf
禺 jmhy

竽 tgf
娱 vkgd
渔 iqgg
萸 avw
隅 bjm
愉 nw
揄 rwgj
腴 evw
愚 jmhn
榆 swgj
瑜 gwg
育 yce
语 ygk
舆 wflw
逾 wgep
虞 hak
与 gn
宇 pgf
屿 mgn
羽 nny
雨 fghy
禹 tkm
玉 gy 玉
驭 ccy
吁 kgfh
芋 agf

妪 vaq
郁 deb
昱 juf
狱 qtyd
峪 mwwk
浴 iww
钰 qgyy
预 cbd
域 fakg
喻 kwgj
寓 pjm
御 trh
裕 puw
遇 jm
煜 oju
誉 iwyf
毓 txgq
豫 cbq

YUAN

冤 pqk
鸳 qbq
渊 ito
元 fqb
员 km
园 lfq
垣 fgjg

原 dr
圆 lkmi
袁 fke
援 ref
鼋 fqkn
源 idr
猿 qtfe
辕 lfk
远 fqp
苑 aqb
怨 qbn
院 bpf
缘 xxe
媛 vefc
愿 drin

YUE

曰 jhng
月 eee
岳 rgm
钥 qeg
悦 nuk
阅 uuk
跃 khtd
粤 tlo
越 fha
樾 sfht

YUN

云 fcu
匀 qu
纭 xfcy
芸 afcu
昀 jqu
耘 difc
允 cq
陨 bkm
殒 gqk
孕 ebf
运 fcp
晕 jp
酝 sgf
韵 ujqu
熨 nfio
蕴 axj

ZA

匝 amh
杂 vs
咋 kthf
砸 damh

ZAI

灾 po
哉 fak
栽 fas

宰 puj
载 fa
崽 mln
再 gmf
在 d

ZAN

簪 taq
咱 kth
昝 thj
攒 rtfm
暂 lrj
赞 tfqm

ZANG

赃 myf
臧 dnd
脏 eyf
葬 agq

ZAO

遭 gmap
糟 ogmj
凿 ogu
早 jh
枣 gmiu
蚤 cyj
澡 ik
藻 aik

灶 of

皂 rab

造 tfkp

噪 kkks

燥 okk

躁 khks

ZE

则 mj

择 rcf

泽 icf

责 gmu

喷 kgm

仄 dwi

ZEI

贼 madt

ZEN

怎 thfn

ZENG

曾 ul

增 fu

憎 nul

锃 qkg

赠 mu

ZHA

吒 ktan

咋 kthf

喳 ksj

揸 rsj

渣 isjg

楂 ssj

扎 rnn

札 snn

轧 lnn

闸 ulk

铡 qmj

眨 htp

乍 thf

咤 kpta

栅 smm

炸 oth

蚱 jthf

榨 spw

ZHAI

摘 rum

宅 pta

翟 nwyf

窄 pwtf

斋 ydmj

债 wgmy

寨 pfjs

ZHAN

沾 ihk

毡 tfnk

粘 oh

詹 qdw

瞻 hqd

斩 lr

展 nae

盏 glf

崭 ml

辗 lna

占 hk

战 hka

栈 sgt

站 uh

绽 xpgh

湛 iad

蘸 asgo

ZHANG

章 ujj

彰 uje

张 xt

仗 wdyy

杖 sdyy

账 mtay

漳 iuj

獐 qtuj

樟 suj

璋 gujh

蟑 jujh

涨 ix

掌 ipkr

丈 dyi

帐 mht

杖 sdy

胀 eta

账 mta

障 buj

嶂 muj

幛 mhuj

ZHAO

钊 qjh

招 rvk

昭 jvk

找 ra

沼 ivk

召 vkf

兆 iqv

赵 fhq

照 jvko

诏 yvkg

肇 ynth

罩 lhj

ZHE

蜇 rrj

折 rr

哲 rrk

辄 lbn

蛰 rvyj

辙 lyc

者 ftj

这 P

浙 irr

蔗 aya

ZHEN

贞 hm

针 qf

侦 whm

诊 ywe

缜 xfhw

浈 ihmy

珍 gw

真 fhw

砧 dhkg

祯 pyhm

斟 adwf

甄 sfgn

榛 sdwt

臻 gcft

ZHENG

争 qv

征 tgh

怔 ngh

峥 mqv

挣 rqvh

狰 qtqh

睁 hqv

铮 qqv

筝 tqvh

蒸 abio

拯 rbi

整 gkih

正 ghd

郑 udb

帧 mhhm

净 yqvh

枕 spq

朕 ewe

疹 uwe

阵 bl

振 rdf

朕 eudy

赈 mdfe

镇 qfhw

震 fdf

政 ght	值 wfhg	雉 tdwy	肘 efy	驻 cy	**ZHUANG**
症 ugh	旨 xjf	**ZHONG**	帚 vpm	柱 syg	妆 uv
ZHI	纸 xqan	中 k	咒 kkm	侏 wriy	庄 yfd
之 pp	枳 skw	忠 khn	宙 pm	诛 yriy	壮 ufg
支 fc	趾 khh	盅 khl	昼 nyj	诸 yftj	桩 syf
汁 ifh	至 gcf	钟 qkhh	皱 qvhc	主 y	装 ufy
芝 ap	志 fn	肿 ek	骤 cbc	伫 wpgg	壮 ufg
吱 kfc	制 rmhj	种 tkh	**ZHU**	住 wygg	状 udy
枝 sfc	帜 mhkw	终 xtu	朱 ri	祝 pyk	幢 mhu
知 td	治 ick	衷 ykhe	茱 ari	著 aft	撞 ruj
肢 efc	炙 qo	胂 ekhh	株 sri	蛀 jyg	**ZHUI**
栀 srgb	质 rfm	仲 wkhh	珠 gr	筑 tam	锥 qwy
脂 ex	郅 gcfb	众 www	猪 qtfj	铸 qdt	追 wnnp
蜘 jtdk	峙 mff	冢 pey	蛛 jri	**ZHUA**	缀 xccc
执 rvy	挚 rvyr	踵 khtf	竹 ttg	抓 rrhy	坠 bwff
直 fh	桎 sgcf	重 tgj	竺 tff	爪 rhyi	惴 nmdj
职 bk	秩 trw	**ZHOU**	烛 oj	**ZHUAI**	赘 gqtm
植 sfhg	致 gcft	舟 tei	逐 epi	拽 rjx	**ZHUN**
殖 gqf	掷 rudb	周 mfk	挂 ryg	**ZHUAN**	肫 egb
止 hh	痔 uffi	州 ytyh	属 ntk	专 fny	谆 yybg
只 kw	窒 pwg	诌 yqvg	煮 ftjo	砖 dfny	准 uwy
址 fhg	智 tdkj	粥 xox	嘱 knt	转 lfn	**ZHUO**
芷 ahf	滞 igk	纣 xfy	瞩 hnt	赚 muv	卓 hjj
咫 nyk	痣 ufni	洲 iyt	助 egl	撰 rnnw	焯 ohjh
指 rxj	稚 twy	妯 vmg	注 iy	篆 txe	倬 whjh
织 xkwy	置 lfhf	轴 lm	贮 mpg		着 udhf

琢 geyy

拙 rbm

捉 rkh

桌 hjs

涿 ieyy

灼 oqy

茁 abm

浊 ij

酌 sgq

啄 keyy

着 udh

琢 gey

镯 qlqj

ZI

仔 wbg

孜 bty

兹 uxx

咨 uqwk

姿 uqwv

资 uqwm

淄 ivl

滋 iux

龇 hwbx

籽 ob

子 bb

姊 vtnt

梓 suh

紫 hxx

字 pb

自 thd

恣 uqwn

ZONG

宗 pfi

棕 spf

踪 khp

鬃 dep

纵 xww

总 ukn

粽 opfi

ZOU

邹 qvb

走 fhu

奏 dwg

ZU

租 teg

族 yttd

诅 yegg

组 xegg

足 khu

阻 begg

祖 pye

ZUAN

纂 thdi

钻 qhk

攥 rthi

ZUI

嘴 khx

最 jb

罪 ldj

醉 sgy

ZUN

尊 usg

遵 usgp

樽 susf

ZUO

昨 jt

左 da

佐 wda

作 nth

柞 sth

座 yww

做 wdt

坐 wwf

作 wt

参 考 文 献

［1］祁慧．《五笔字型与文字录入基础教程》．北京：清华大学出版社，2005.

［2］李宏明．《开天辟地——轻松掌握五笔字型》．吉林：延边教育出版社，2005.

［3］杜云贵，高萍．《五笔字型输入法案例教程与编码速查》．北京：科学出版社，2006.

［4］陈超，刘林华，王迪．《IT 职场模拟舱计算机办公应用》．北京：人民邮电出版社，2007.